原子力発電企業と事業経営

—東日本大震災と福島原発事故から学ぶ—

小笠原英司
藤沼　　司　編著

文眞堂

まえがき

二〇一一年三月一一日に発生した「東北地方太平洋沖地震」（以後「3・11大地震・津波」とも表記）は未曾有の東日本大震災をもたらした。東日本大震災は奥尻島地震・津波災害（九三年七月）をはじめ、阪神・淡路大震災（九五年一月）、新潟県中越沖震災（〇七年七月）など、この二〇年間に日本列島を襲った地球災害のなかでも圧倒的な犠牲と被害をもたらしたばかりではない。東京電力福島第一原子力発電所事故（以後「福島原発事故」とも表記）による放射能汚染は、あの原子炉建屋水素爆発直後ほどではないが現在もなお拡散中であり、したがって東日本大震災は、人類と世界に対しその存在にかかわる根源的な問題を突きつけたまま、いまなお終息していない。

「福島原発事故」は、当然ながら「3・11大地震・津波」とセットで捉えられる。「3・11大地震・津波」がなければ「福島原発事故」は少なくとも二〇一一年三月一一日には発生しなかったであろうと仮定すれば、「福島原発事故」の原因はあくまでも「3・11大地震・津波」であったとみなされることになる。しかし、「福島原発事故」の原因を表層的に「3・11大地震・津波」に求めて「天災」による不可抗力とし、「3・11大地震・津波」も「福島原発事故」も人智を超えた「想定外」の問題として、両者を同列に扱うべきではない。少なくとも「福島原発事故」は、原子力発電（以後、原発とも表記）のリスク対策・対応の失敗という点において「未曾有」の

「人災」であることを自他ともに明確に自覚すべきである。(1)

事故や災害を経験しなければその悲惨を実感できないという人間の習性を変えることができないのであれば、せめてその不幸な経験を無にしないためにも、経営学もまた「福島原発事故」問題の検証に積極的に参加すべきであり、「福島原発事故」を「マネジメントの失敗」と捉えるならば、経営学こそその中心を占めるべきであろう。しかし、いわゆる「原発問題」には複雑に絡みあって容易には解きほぐすことができないほど多様な要因が構造化されて包含されている。したがって経営学がこの「問題」に接近しようとしても、どこからどのように手をつけるべきか暗中模索といった状態である。また「原発問題」は複雑であるばかりでなく、政治的イデオロギー性が強く反映された性格の「問題」とならざるを得ない。立場が異なれば「原発問題」も異なって見えるであろうし、白いものが黒く、黒いものが白く見えてしまうこともある。原発および原発関連の専門家でさえ見解が分かれ、これによってさらに「問題」が錯綜し、何が起こっているのか、何が真実であるのかが解らない事態となっている。

われわれは、東日本大震災の発生前から、原子力発電企業の事業経営を「安全と安心の両立」という視点から多角的に考察してきた（あとがき参照）。その理論的分析と検証を進めるなかで突如として「福島原発事故」が発生し、それはわれわれの研究にも大きなショックを与えるものとなったが、本研究の基本的枠組みそれ自体に大きな変更はない。ただしその後われわれは「安全と安心の両立」という研究の視点に、「専門家と生活者の協働」という視点を重ねている。「安全」を科学し「安全のシステム」を構築し維持するのは「安全の専門家」であるが、専門家の「安全保障」に依拠して日常生活の「安心」を得るのは「安全（危険）の体験者」たる「生活者」である。以上を単純化すれば、〈安全－専門家〉〈安心－生活者〉という対応図式が成立するのであるが、「福島原発事故」によって現実には「安全と安心の両立」は虚構と願望が混淆した蜃気楼にすぎなかったことが明らかになった。「安全」と「安心」を両立させるためには、「専門家」と「生活者」とがこれまでとは異なる形で、新たな協働を試行的に探求する必要があると考える。

ここで、本研究に臨むわれわれの基本的スタンスを述べておきたい。すなわち本研究は原子力発電企業を事例とするために、「福島原発事故」との関連で原子力発電業界や特定の原子力発電企業を批判的に取り扱うことを回避することはできないが、本研究はいわゆる「原発是非論」に直接関与するものではないことを明示しておきたい。本研究グループのメンバーは、当然ながら各自「原発是非」または「原発存否」について個人的見解を持っているが、本研究ではその議論を可能な限り封印している。われわれの立場は、むしろ「既設原発前提論」というべきものである。それは、稼働・非稼働を問わず現在わが国には「原子力発電所」という危険施設が現存しているという事実を前提として議論する立場である。ただし「既設原発の存在を前提とする」といっても、それは政府および多種にわたる原発業界、そしてそこに自己の専門性を売り込む原発関連の各種専門家たちによる原発政策、企業行動、意思決定、研究、発言を無批判的に容認するということではない。また、安定電源安全保障・経済発展論のなかに見るような原発不可欠論でもない。われわれは理論的なレベルでの規範論を積極的に展開するが、規範の前提はあくまでも現実であることを忘れてはならない。われわれの「既設原発前提論」という立場は、現実的に未来を展望するための立脚点である。

われわれは原発の非専門家ではあるが、たとえ一基であっても原発をすでに稼働させてしまったという事実と、原発は存在しない（または稼働させたことがない）という事実とでは天と地（天国と地獄）ほどの差があるということだけは理解できる。わたしたちは、「〈停止原発〉であっても、それがすでに稼働してしまった原子炉であれば、〈危険物〉であることに変わりはない」という事実を忘れてはならない。すべての原子炉を廃炉とすることによって、その「危険」をゼロに近づける、または原発立地地域での通常生活を可能とするためには、子々孫々、末代にわたる膨大な時間とコストを費やす必要があるということを、肝に銘じなければならない。二〇一五年九月現在、わが国には廃止措置が進行中の日本原電東海発電所を含め一七ヶ所の原子力発電所に合計五二基の既稼働原子炉が実在している。[2] これをすべて建設以前の状態に回復し、かつ「放射性廃棄物」を完全にシャットアウトする―これが可能か否かも不明であるが―ための費用と労力の永続的な手当てをどのように企図すべきであろうか。原発反対論が単なる理想論や感情論に終わらないためには、より論理的かつ現実的な議論が必要となる。われわれの「既設原発前提論」は、ルビコンを渡河してしまった人類が地球と人類の未来に対する結果責任を具体的に果たしていくための基本的研究スタンスである。

言うまでもないことながら、「原発問題」は現存するすべての科学・学術を総動員して取り組むべき巨大テーマであって、ひとり経営学のみではその一面を照射する微力にとどまるであろう。それにもかかわらず、電力会社が巨大企業であるばかりでなく、その電力事業がわが国の経済基盤と国民の生活インフラを支える最重要事業であることからすれば、その事業経営を経営学の立場から考察することは、「福島原発事故」の発生如何にかかわらず重要な研究主題であることに疑問の余地はなかろう。

もとより、本研究はそのささやかな応答に過ぎない。われわれの研究分野は経営学（小笠原英司、第一章）、経営哲学（藤沼 司、第二章）、組織論（木全 晃、第四章）、情報論（石井泰幸、第五章）、財務論（森谷智子、第七章）、会計学（坂井 恵、第六章）に限定され、しかも「原発問題」にはまったくの素人であるが、ここに原発事業の専門家として日本原子力発電㈱の野中洋一（現在は原電エンジニアリング㈱）（第三章）が加わることによって、本研究にも血が通い肉もついたと確信している。同氏の計らいで、これまで日本原電東海発電所および同敦賀発電所をはじめ日本原燃の低レベル放射性廃棄物埋設施設や再処理事業所等を見学し、各発電所の幹部・管理職との面談・インタビューを実施することができた。特記して感謝したい。

本書の出版には、公益財団法人青森学術文化振興財団からの助成を受けた。記して感謝したい。
最後になるが、出版情勢の厳しい折、出版を快く引き受け下さった前野隆氏、前野眞司氏をはじめ、株式会社文眞堂のみなさまに対して心から感謝申し上げたい。

注

（1）日本電力産業に関する経営史研究の第一人者である橘川武郎は、「想定外」を「想定の誤り」とし、さらに「福島原発事故」を大きくした重大な要因として、事故の前後にわたるリスク管理上のミスが重なったことを指摘したうえで、「福島原発事故」は「人災」であると断じている。橘川武郎（二〇一一年）『東京電力 失敗の本質：解体と再生のシナリオ』東洋経済新報社。

（2）二〇一五年一二月三一日現在、「福島原発事故」から四年九ヶ月を経たいま、この「未曾有の大事故」の原因と結果、そしてその責任の究明が棚上げにされたまま、すでに二〇一五年九月一〇日に九州電力川内原発が再稼働し、さらに関西電力高浜原発3・4号機の再稼働が進行中である。

二〇一六年五月八日

編著者　小笠原　英司

藤沼　司

目次

第一章　科学技術時代における「専門家」と「生活者」

——原発問題に接近するための基礎概念——

小笠原　英　司

はじめに

一般に「原発問題」を論ずれば、原発反対論と推進論が対立することは避けられない。しかし学術的研究の見地からすれば、原発反対にせよ原発推進にせよ、感情的に自己の正義を主張するだけでは「問題」の克服・解決にはならない、ということだけは自省しなければならない。どのような立場であれ、少なくとも「原発事故ゼロ規範」という点では一致するだろうと仮定すれば、すべての学問・科学はその規範目標を追求する方向において自らの学術的使命を定置すべきであろう。

では、経営学はいかにして「福島原発事故」問題に貢献し得るか。そのまえに、「経営学」とはどのような学問（社会科学）であるか。経営学といっても多義的であるが、その主流は「企業」という特種の組織体を対象とする企業経営学である。もとより企業は現代社会において最も重要な組織体の一種であるから、隣接する経済学や社会学も企業を研究する（企業経済学、企業社会学）。しかし、言わずもがな、経済学や社会学は企業に対象限定するわけではない。それに対して、主流経営学は企業に対象を限定するところに最大の特徴がある。企業経営学が経営学の代表だとすれば、実は、このように特定種類の組織体に研究対象を限定する社会科学は他に類例を見ない。その点では、企業経営学は特殊な社会科学だと言える。

しかし、現代経済社会におけるグローバル企業の構造・機能分析をなすのであれば、上記のように経済学や社会学で十分であろう。現に「企業学」の領域は企業経営学の独占ではなく、むしろ経済学および社会学のディシプリンによって席巻されている。もっとも、〝重要なことは対象（ないし問題）であって方法ではない、いまや学科の壁を取り払った「トランス・ディシプリン」「インター・ディシプリナリー・アプローチ」こそ望ましい〟という学問論があって構わないが、それはわれわれの立場ではない。中核となる方法的原理をもたずに〝何でもあり〟のアプローチを採るだけなら、「経営学」など無きに等しい。

われわれの経営学は、対象を「企業経営」に限定しない。われわれにとって経営学とは、現代社会において多様な形で存在する各種の「協働システム」（経営体）を多角的に解明する「協働の学」であり、その中心課題は協働を維持し協働システムの目的を実現せしめる「経営」機能の探究にほかならない。[1] 経営学とは文字通り「経営」学、「経営の学」であることは、経営学論の泰斗山本安次郎がつとに主張したことであった。[2] 企業の経営はたしかに経営学の研究対象として重要かつ魅力あふれる問題領域ではあるが、協働システムを企業に限定し、経営問題を「企業経営」に限定することは、経営学の使命をかえって矮小化することになるだろう。[3] 経営学が各種協働システムの「経営」を対象とする固有の社会科学であれば、経営学はそれに相応しい方法を身につける必要がある。そしてすでにわれわれは、C. I. Barnard の経営学説を経営学的方法の範例として共有している。そこに示された方法と人間観、協働システムを分析する基礎的諸概念は今なお有効な経営学パラダイムである。

さて、われわれの立場からすれば、「福島原発事故」問題は東京電力福島第一原子力発電所にかかわる多種多様な「協働」に潜むある種の歪みが顕在化して発現したものと見ることができる。東京電力株式会社という個別企業は一個の協働システムであるが、その内部や下部に無数のさまざまな協働システムが生成し、さらにその周縁や外部に多種多様な協働システムが形成されて、それらすべてが相互に密接な関連をもって包括的な大規模協働システムを構成している。

協働システム（経営体）とは、Barnard の定義を援用すれば「少なくとも一つの明確な目的のために二人以上の人々が協働することによって、特殊の体系的関係にある物的、生物的、個人的、社会的構成要素の複合体」ということになるが、[4] その本質的要因は上記定義の前半の句に示されている。それは、共通目的を合理的に達成しようとする人々の協働的活動のシステム（Barnard の「組織」）ということである。すなわち、協働システムにおいてヒト（人的資源）、モノ・カネ（物的資源）、情報（情報的資源）も重要であるが、あくまでもその中心となるのは諸要因を活用しシステム全体を動態化する人間の協働活動にほかならない。したがって、経営学的分析の出発点は、協働主体としての人間である。

東京電力という協働システムの協働主体は多種におよぶ。企業経営学ではこれを類型化して「利害関係者」（stakeholder）と呼ぶが、本章では考察の迂遠を承知の上で、以下のように対象を限定する。すなわち本章では、原子力発電（以後「原発」とも表記）をめぐる協働主体を「専門家」と「生活者」において捉え、両者による「協働」の基本構造を照射しようとする。ここで「専門家」と言い、「生活者」と言い、一見したところ日常語の語感としてはそのなかに特別な意味が含まれているようには思われない。しかしわれわれの研究にとっては、「専門家」も「生活者」もそのなかに一定の実質的な意義を付与された基本的概念として提示されたものである。以下では、「専門家」および「生活者」の経営哲学的意味を吟味したうえで、両者の関係を「協働」の観点から検討したい。

第一節　専門家とは何者か

一、科学・技術専門家

専門家の定義

組織社会は専門化社会であるから、専門家の種類と数は、知識・情報化の進展とともに幾何級数的に増加する。専門家の概念はその定義の如何によるが、これを「無数に機能分化した専門領域における職能人」として最広義にとれば、彼らは現代社会の隅々に遍在していることになる。むしろ、わたしたち生活は多種多様な職域の専門家の手による「仕事」によって形成され支えられていると言って過言ではない。その意味において、組織社会は一面において「専門家社会」とさえ言えるのである。

しかしこうした最広義の定義は、組織社会の概観的特性を考察するうえで一定の意義を持つとしても、上述の趣旨に関わるわれわれの考察からすれば、もう一・二段概念的次数を上げる必要がある。たとえば専門家と言われる職能人のなかでも、一定の国家資格を必要とする職種は一二〇余種に及び、それぞれの国家試験に合格しなければ当該職種に就くことができないという点でそれらは紛れもなく「専門職」であり、その資格者は「専門家」(specialist)である。そしてその中でも、司法職、行政職、会計専門職、建築士、医師等、特に難易度の高い国家資格を要件とする「高度専門職」と位置づけられる専門家がいる。また「高度専門職」であっても、科学研究者や大学教員のように国家資格を要件としない—学位がそれに代わる場合が多い—専門家がいる。

広義専門家の定義をとればこうした「高度専門職」だけが専門家ではないが、現代の「専門化社会」の頂点に位置する専門家が「高度専門職」であることに疑問の余地はない。したがって、便宜上ここでは以上のような専門家のなかの専門家を狭義専門家として、下記のように定義しておこう。

《大学院またはそれに準ずる課程で高度な専門的知識・技能を修得し、または当該専門領域において特別の知識・技能を体得した者で、当該専門領域における知識・技能を駆使し、その専門的排他性ゆえにある種の特権的地位を得ている知識人》

原発専門家

原発関連分野の専門家はこの「高度専門職」に属する人々であると同時に、「科学・技術の専門家」の典型である。彼らについて述べる前に、「科学」と「技術」の用語上の区別と関連を確認しておく必要がある。現代の広義「科学」の内実は「技術的科学」とでも呼ぶことができるほどに技術化された性格を持つに至っているからである。

かつて「科学技術庁」(The Science and Technology Agency)という省庁があったように、とくにわが国では「科学」と「技術」は不即不離の関係としてセットで「科学技術」(science *and* technology)として捉えられてきた。それは上記「科学技術庁」の英語表記に見られるように、本来「科学および技術」という意味であったが、この場合の「技術」は「科学」を基礎としたものであるから、これを「科学(的)技術」と言い換えたうえで、「科学技術」を「科学および科学技術」と言っても誤りではない。学術区分としては、周知のようにすでに「科学」と「(科学)技術」に対応して、「理学」と「工学」の研究分野が並立している。[5] つまり理学研究と工学研究の違いはあっても、歴史的経緯を留保して言えば、「科学」も「技術」も自然科学系研究分野という点では同格と見なされ、「科学技術」と表現されているのである。[6] 以下では、ヨーロッパの区別論とわが国の融合論の両者を念頭に「科学・技術」(または広義の意味で「科学」)と表現する。

さて、ひとくちに「原発関連の専門家」と言っても、その内実は多種多様である。門外漢による管見ではあるが、次のように区分することができよう。まずは原発関連の科学専門家Ⓐと原発関連の技術専門家Ⓑの二種の専門家（狭義の「原発専門家」）が中心となる―その所属は大学、研究機関、企業を問わない―のであるが、これに原発行政官僚Ⓒと原発企業幹部Ⓓが周辺に加わり、彼らがいわゆる「原子力ムラ」のエリートを構成することになる。さらに細かく言えば、原発関連の科学専門家Ⓐも原子核物理学、中性子物理学、核反応物理学、放射化学、放射線生物学等の研究者Ⓐ^{1}から地質学、火山学、地震学等の地球科学分野の研究者Ⓐ^{2}までその専門領域は多岐にわたり、技術専門家Ⓑには原発関連工学の研究者Ⓑ^{1}のほかに、原発関連企業（これも原子炉メーカーと発電会社に分かれる）で原発装置・機器の設計、製作、操作、保全等の技術的業務に従事する「業務技術者」Ⓑ^{2}が含まれる。

これら多種多様な「原発の専門家」を一括したうえで、一般的な議論を展開することもできるだろうし、主題によっては「原発専門家」の種別特性を重視せざるを得ない場合もあると考えられる。しかし、「福島原発事故」および「東日本大震災」によって明らかにされた科学・技術不信および専門家不信という現代社会の根幹にかかわる課題を克服する出発点は、何よりも「科学・技術とは何か」「専門家とは何か」という基本的問題に正面から向き合うことであり、そのためにも「原発専門家」のなかでも上記ⒶとⒷからなる狭義の「原発専門家」に焦点を定めたうえで、そこに通底する「科学・技術者」の専門家特性とその問題点を明らかにしておく必要がある。なお、すでに述べたように、狭義の「原発専門家」を含む「科学・技術者」という専門家は「理学・工学」系の専門家であり、主として自然科学系の研究者である。他方、専門家には自然科学系の研究者ばかりでなく人文・社会科学系分野の専門家も含まれるが、彼らは専門家ではあっても自然科学系の「科学・技術者」とは異なる面がある。しかし彼らも「研究者」という点では科学・技術系の研究者と共通の専門家特性から免れることはできない。

二、「科学・技術者」の専門家特性と問題点

「科学・技術者」と「科学・技術」そのものとは分かちがたく結びついていると同時に、両者は主体・客体の関係として区別される。すなわち、「科学・技術」は「科学・技術者」によって創られ進歩することからすれば、両者は一体的で「科学・技術者」なくして「科学・技術」はありえない。[7] 科学理論の創造・発展や新技術の開発は天才的な「科学・技術者」と多数の「科学・技術者」のたゆまぬ努力の成果として得られる点からすれば、「科学・技術」の長所と限界は「科学・技術者」のそれと多くが共通すると考えられる。

他方、「科学・技術」は多くの専門領域に細分化され、[8] それによって「科学・技術者」も細分化された「専門家」となる。個々の「科学・技術者」が細分化された科学・技術領域の「専門家」にほかならないということは、彼らは「科学・技術者」であると同時に、その特定領域の「専門家」としての特性を内包する特殊な職能人であるということを意味する。言わずもがな、専門家の専門家たるゆえんは、当該専門分野に精通し、特定事項に関する高度な知識・技能を有する点にある。しかし、何事も長短、表裏一体であり、この専門家の最大の特長が専門家の最大の欠点・限界となる。これらの専門家特性は如上のように、広くはすべての分野・種類の専門家に共通するが、分けても「科学・技術者」によく見られる特性と言えよう。以下に列挙する「科学・技術者」の専門家特性は網羅的を意図したものではなく、一定の実証的データに依るものでもないが、われわれの日常的経験にほぼ合致したものと言えよう。

①専門分野のトップ願望　専門家の中でも科学・技術者（原発関連の場合は上記の「原発関連の科学専門家Ⓐ」および「原発関連工学の研究者Ⓑ[1]」）は自他共に認められた「研究者」であり、この研究者としての特性が専門家の欠点となる場合がある。すなわち、彼らは、まずは集合としての抽象的な「専門家」であって、そしてその限りにおいて一定のディシプリンを共有する専門家集団であるが、同時に個別具体的レベルでは、同一専

門分野であっても彼らは必ずしも一枚岩ではない。とくに科学者の場合には、各人が当該分野におけるトップを競い合うために、同列主義よりもむしろ突出主義を規範として研究することになり、科学的見地から見て確実とは言えない事柄であっても先を競って研究成果を発表する習性がある。[9] 彼らにとっては専門家集団（学界）における内部評価こそ最優先の行動準則となりがちである。言わずもがな、科学者といえども生身の人間であり、学会での高い評価が研究者としての喜びとなり動機づけとなることは当然であろうし、一番志向や独自性志向はむしろ科学者の不可欠の資性とも言えるだろう。しかし分野によって多少の差異はあるとはいえ、個人的な突出主義と専門分野の標準主義（内部評価）との矛盾は永遠の課題として残されている。

②価値中立の建前と政策への寄与　科学・技術専門家は「政策」という価値的判断に対して中立ないし不関与の立場に立つべしという「科学倫理」に従う、という神話がある。しかし、原発専門家は果たして国家の「原発推進政策」に中立ないし不関与の姿勢を貫徹してきたであろうか。もとより日本をはじめとする民主主義社会における「政策」が「国民の生活福利の向上」という理念的目標のもとにあるとすれば、原発専門家が「原発と国民生活」に関して完全に没価値的であるとは考えにくい。[10] むしろ多くの原発専門家は自らの研究が国家と国民生活に裨益するところが大きいと信じるがゆえに自己のアイデンティティを確立しているのではなかろうか。われわれには、原発専門家が政策的に価値中立的であるとは信じられない。百歩譲って、仮に彼らが完全に没価値的であったとしても、そのことが結局は一定の「政策」に対する「科学的お墨付き」を与えるということを意味し、政策者側の「従僕」として重要な政策的役割を果たすことになるであろう。[11] 科学者や専門家のなかには、政府の「審議会委員」に選ばれることを一流の証明として嬉々とする似非研究者も見かけるが、われわれ市民としては、彼ら科学者・専門家が関与する「政策」がどの立場のものであるか、「社会的有益性」とは誰のための利益となるものか、国家か国民か、政治家か、官僚か、産業界か、特定の業界か‥をよく見極める必要がある。

③真実は専門家たる我が掌中にあり　概して専門家は自らの「専門性」に対する自負心が強く、その裏返しで非専門家に対する優越心も強い。専門家からすれば専門に関わることは〝われわれに任せればよい〟、〝シロウト（素人）が口をはさむ余地はない〟といった排他的心理が働き、反面では非専門家たる市民もまた〝専門家は何でも知っているに違いない〟、〝専門家の言うことは正しいに違いない〟と思いこむ。しかし、地震発生の確率や活断層の確定、低線量放射能被曝の危険性などで明らかになったように、国民の関心が細部の「客観的真実」が確定していない問題に対して各専門学会がどこまで統一見解を表明することができるかに向けられているときに、個々の研究者は各自の意見、予想、推論、仮説を述べあっている状況にある。言うまでもなく、それらのどれが正しい（一般的真理に近い）のか、市民には判断できないという現状があるばかりではない。市民の感覚からすれば、〝科学は「客観的真理」を解明するものであるから専門家は一枚岩であるにも拘らず、各自が黒白正反対のことを述べるなどあり得ない〟と思うのは当然であろう。深刻なのは、それが市民の「科学不信」を増長しているという事態である。

④専門に関して解らないことはない　専門家も全知全能には程遠いという実態がある。一般市民にとって〝専門的なことは解らない〟のは当然ながら、実は専門家も肝心の点において〝本当のところは解らない〟ことが多い。しかしながら一般に、専門家を自認する人々にとって〝解らない〟、〝知らなかった〟と言うことはプロとしての威信にかかわり、これを可能なかぎり回避したいという心境に陥るのも、実際にはよくありがちである。専門領域といっても広狭あり、ピンポイントの領域であれば〝自分は何でも知っている〟と豪語できるとしても、その領域が広がるにつれて、不明なことが多くなるのは当然である。しかし、個人であれ組織であれ、プロとしての権威を守るためには、確証が無くても専門家らしい「裁定」を下す必要がある。そうしてこそ、アマはプロの権威を信用し、プロの言説に頼る。まして原子力発電という、プロだけにしか解らないウルトラ専門的

なことであれば、アマは全面的にプロに従わざるを得ない。両者の情報格差と知識・技術の非対称は決定的であり、両者の支配・服従関係は絶対的である。これに行政や巨大企業が加われば、「安全神話」はもとより、電力安全保障論も「経済成長」政策も容易に受容されることになる。

⑤専門以外のことはシロウト　言葉の定義上、専門家とは「専門」領域内でのクロウト（玄人）であるが、逆に言えば、彼らがひとたび専門外に出れば一転してシロウトと化すということを意味する。科学とはそもそも分科された学問を意味し、[12] 科学の発達はその必然として専門分科のタコツボ化をもたらした。そのこと自体は科学の発展がもたらした自然のなりゆきであって、いまさら全ての科学者は百科全書学者たれといっても無意味であろう。すなわち、本来専門家とは限定された領域でのみその存在意義を主張できる知識・技能人であって、それ以上でもそれ以下でもない。しかしながら自然界現象であれ人間・社会現象であれ、ものごとは複合的であり現実は複雑であって、単一の「専門」にすべてが収まるものではない。専門家はその意味を正しく理解すべきところ、実際には狭い「専門」から全体を（強引に）見ようとする傲慢がみられるのである。

以上に見たように、「専門家」とは、当然ながら知識人と世俗人の両義性に満ちた先進的職能人である。そして「福島原発事故」は、以上の特性を強くもつ科学・技術の専門家に加え、前述のように、さらに原発行政官僚Ⓒと原発企業幹部Ⓓを含む広義の「原発専門家」による独善的決裁がすべての問題の根源であることを、図らずも露呈することになった。彼らは無自覚にせよ「専門家権威」を笠に着て真実を隠蔽し、「専門家の無謬性」という最悪の誤謬を糊塗した。その結果として原発事故被害を拡大させたばかりではなく、そのことによって科学と技術に対する信頼を大きく毀損したのである。

それにも増して深刻なことは、「原発専門家」（広義）の過半が、未だに自己および自分たちの瑕疵と失敗と責任を十分に自覚していないという点にある。それは二〇一一年三月一一日当日とそれ以後の東京電力の事故対応に限定される「問題」ではない。さらに言えば、「福島原発事故」とは、単に東京電力福島第一原子力発電所という場所で発生した「問題」ではない。それは現代社会の表層地殻を形成する科学技術システム（science and technology system, S&Tシステム）がその限界に達して大きな亀裂を生んだ事態であり、その深層地盤に位置する「専門家社会」の欠陥が生み出した問題性に他ならない。そしてそのことを当の「原発専門家」を典型とする「専門家」が没自覚のまま、新たなS&Tシステムの開発に勤しんでいるという基本構造こそ、深刻な「リスク」と言わざるを得ない。

しかし、何ごとも相互的であるという点から見れば、彼ら「専門家」にのみその責を問うのは片手落ちであって、他方の市民（生活者）の側にも応分の責があるだろうとわれわれは考えている。「生活者」については次に述べるとして、さしあたり「専門家」に求められる反省点は以下の諸点であろう。すなわち、科学・技術専門家は、①科学・技術は人類共有の課題解決を最上位目的とすること、②真実に対して謙虚であること、③すべての国民に対して手持ちの情報を包み隠さず開示すること、そして、これらを基本的な専門家倫理とすべきことを自覚しなければならない。これらはいずれも「研究者」が遵守すべき基本中の基本であって、新規なものは何もない。むしろこうした原点が見失われていることに気付かないところに、「専門家社会」の病弊が隠されているのである。

第二節　生活者とはどのような人々か

一、「生活者」としての人間

天野正子は著書『「生活者」とはだれか：自律的市民像の系譜』のなかで、一九八〇年代末から九〇年代にかけて「生活者」という言葉があたかも時代のキーワードのように様々なかたちで多用されたにもかかわらず、その意味があいまいなまま政治家や経営者によって都合のいいように使われてきたと指摘したうえで、この言葉の源流と系譜を明らかにしている。天野によれば、「生活者」は一九八〇年代に突如として登場したものではなく、古くは一九三六（大正一五）年に文人の倉田百三が創刊した雑誌『生活者』に発するという。そして「生活者」はその後の時代状況のなかで変容しつつそのつど再生されてきた歴史的概念であるという。すなわち天野はわが国における「生活者」を、①戦時体制下から戦後の一九五〇年代にかけて、三木清、新居格、今和次郎らがそれぞれ主唱した「生活文化論」における生活者、②一九六〇年代以降の高度経済成長期に登場した「消費社会論」における生活者、③一九六〇年代後半から七〇年代にかけて展開された「新しい社会運動」における生活者に時代区分し、それぞれの特質と時代的意義を明らかにしている。[13] 既存の「生活者」論を辿れば、天野が指摘するように「生活者」という言葉は歴史的概念としての性格をもつと言えようが、ここでは天野の議論とは別の角度から「生活者」の概念を提示したい。

　すなわち、われわれが言う「生活者」はより一般的で通時代的な分析概念としての「生活者」である。「生活者」の外延はすべての生きている人々（living people）にほかならないが、そのこと自体はごく当たり前のことで、それだけでは「人間すなわち生活者」という同語反復にすぎないようにみえる。同じように、「生活者」の概念的意義は「生活」という点にこそあるのだが、〝生活〟という言葉は「つつましい生活、贅沢な生活、充実した生活、まじめな生活、孤独な生活、学校生活、老後の生活、家族生活、社会生活、…」など、人々の日常の暮らしぶりや場面を表現する使用頻度の高い日用語である。これらの表現は、われわれの日常を語るうえで欠かせないものになっているという意味で重要ではあるが、身近であるからこそかえって「生活」という言葉が持つ存在論的意義を忘れがちではなかろうか。ここでわれわれは、あらためて「生活」とは「活きて生きること」であり、その具体的態様を意味する言葉にほかならないということを強調しておきたい。
すなわち「生活」(life)とは「生きる」(to live)という人間の本源的行為の具体的形態であって、日常にわたる暮らしを通じて自己の〈生〉(one's life)を実現する人間的営為に他ならない。ただしここで注意しておきたい点は、第一に「生活」とは、以下に述べるように単なる経済生活を意味するものではないということ、第二に「生の実現」とは単に生物学的生存(長命)を意味するものではないということである。「生活」とは、経済や生存に限定されるものではない。
人間というものを、「どのようなものとして在る」と見るかは、すべての科学・学問の出発点であり基本であろう。人間に対する観点・視角は多々あるとしても、生物学的、心理学的、倫理学的、経済学的、社会学的、その他いずれであれ、決定的なことは、「人間をその全体性において見る」という視座を持つことができるかという点に尽きる。そしてそれは、「人間とはそれ自体が全体的存在である故に、全体として取り扱われるべきもの」という人間観と一体的である。
人間に限らず、生きとし生けるものは—宇宙も地球も、生物個体も—すべて全体物として存在しているが、人間という特殊生物はその全体性が危ういかたちで発現する存在であるからこそ、自らの全体性を「生活」において実現する必要がある。その意味で、「生活」とは〈生〉の全体化をつうじて「人間の全体性」を実現する—われわれは、これを「活きて生きる＝活生」と捉える—日常の営為にほかならない。[14]
管見によれば、「生活」の全体像は「生計」「参加」「関係」「自律」という相互に関連しあう四種の側面から構成されている。[15]
a　生活財の入手と消費(生計)
b　就労および多様な社会参加(参加)

c　「生活」の諸側面における人間関係の形成（関係）

d　「生活」の全体バランスを維持する自己統制（自律）

言うまでもなく、これらは「生活の四側面」として等しく重要な側面であるが、現実には、しばしば「生活」の経済的側面（生計）が過大に重視され、そこが肥大して歪な「生活」が現出するばかりではない。とくに資本主義経済圏における戦後の経済発展のなかで、経済生活の量的拡大こそ「幸福」への王道であるかのごとき生活観が蔓延し、生活財の交換手段たる貨幣収入の最大化が現代社会における生活の価値観として最上位に位置するに至っている。

さらに、生活財の入手を「就労」による収入に依存する人々にとって、「就労」と「生計」は多分に重なり合っている。したがって労働から得られる収入こそ「就労」の目的と見なし、「就労」を「生計」の収支経済のなかに位置づけるのも故なきことではない。それにも拘らず、ここでは「就労」の基本的意義を「生計」ではなく「参加」に位置づける。人間にとって「仕事」とは何か、「働く」ことは「生きる」ことと如何なる関係にあるか、といった基本問題を考えるとき、それは「カネのための止む無き手段」にすぎないと見なすことは、人間および「生活」を金銭一元主義において捉える経済的人間観にとどまるであろう。

「豊かな現代生活」の象徴が電化生活である。生活者としての一般市民にとって、電力はいまや生活インフラの中心であるから、その不足は主観的には生活レベルの低下と認識されるだろう。善し悪しの前に、現代生活がほぼ全面的に電化生活となり、そこから数々の利便を享受してそのことに何の痛痒も疑問もなく生活している現状からすれば、そうした利便生活が損なわれるということは―次節で述べるように、とくに高度経済成長期以後に誕生した「電化生活人」にとっては―想像を絶する事態であろう。原子力問題を考える場合、経済産業政策として原発推進を図る国富の立場のみならず、市民の立場からも〝原子力はイヤだが、電力不足も困る〟という生活者の身勝手な心理が働いて、消極的な立場であっても結果として原発支持の厚い層を構成しているという面があることを忘れてはならない。

二、生活観と科学観の転換

ところで、一〇月二六日が「原子力の日」であることを、狭い関係者以外はおそらく誰も知らない。日本政府は「福島原発事故」から四八年前の一九六三年（昭和三八年）一〇月二六日に日本原子力研究所の動力試験炉JPDRがわが国初の原子力発電に成功したことを記念して、一〇月二六日を「原子力の日」とすることを閣議決定した。[16] 単純に言えば、「原子力の日」はわが国の原子力発電にとって画期的な記念日であるが、われわれにとっては、それがわが国の科学・技術の目的と国民生活の性格が大きく転換した時期と重なっていることのほうが重大である。すなわち科学・技術の「専門家」も「生活者」としての国民も、この時期を境にそれ以前とそれ以後とでは、異質の存在となってしまったと捉えることができるという点である。

わが国の場合、社会全体として「生活の経済化」に大きくシフトする転機となった時期は、一九五五〜一九七三年（昭和三〇〜四八年）の高度経済成長期、とくにその中心をなす池田内閣による「所得倍増計画（一九六一〜一九七〇）」とその達成の時代であったと言えるだろう。ここでの議論にとって重要なことは、この時期に日本政治史上初めて、経済政策というものが「国家」から「国民」に視点を移したという点である。それは昭和三一年度『経済白書』が「もはや戦後ではない。われわれは異なった事態に直面しようとしている」と述べ、わが国がすでに国家経済の基礎工事の段階から国民生活の向上に向けて舵を切る段階に至ったと宣言したことにその趣意が示されている。

ここでの「国民生活」とは国民の経済生活を意味し、全体経済としての国民経済の成長・拡大が個人レベルでの「生計＝家計」を豊かなものにするという単純な構図にとどまるものではあったが、この経済政策が神武・岩戸の好景気に後押しされて人々を「豊かな生活」の実現へと駆り立てたことは疑いない。「原子力の日」が制定された昭和三八（一九六三）年は「東京オリンピック」の前年であり、高度経済成長期のまさにピークを迎えんとした時代であった。やがて昭和四三（一九六八）年にはGNP第二位の成長成果を達成し、ここにわが国の経済優先社会が確立されたのである。管見によれば、この時期に戦後日本社会の生活観が大きく変化したと言って大きな過誤はないだろう。[17]

もはや人々は、「何のために生きるのか」「いかに生きるべきか」という問いを棚上げしたうえで、就学、就労、子女教育、家庭、消費、すべての生活局面を物的富裕と収入増のために統一することに疑問を持たない生活観、高収入と幸福とを同義と見る生活観に依拠して生きている。そして、技術革新と新製品開発によって量産された文明の利器とサービスは、生活にモノの豊かさのみならず「利便」という快楽をもたらした。人々がひとたび手にした「利器と利便」は更なる革新と開発を求め、際限のないモノ欲求が生活の原理を支配している。

すでに明らかなように、モノのリッチとコンビニエンスを可能にする不可欠の要素が科学・技術である。そしてすでに述べたように、わが国において科学は、純粋科学としてそれ自体の価値を認められてきたというよりは、その導入期以来一貫して、科学の応用形態たる科学的技術と一体化し、科学技術としてその存在意義が評価されてきた。社会全般の発展や市民生活の向上に資すること、すなわち「社会的有用性」が科学に求められたのである。第二次大戦時における軍事技術・兵器の開発―原爆、化学兵器がその典型―に見られるように、社会的有用はまずは「国家的有用」であった。さらに軍用から民用に転換して発展した原子力発電やインターネット技術のように、科学・技術が次第に産業技術に連結することによって社会的有用の重心は「国民的有用」に移行してきたと言える。ただし、科学・技術が軍用から民用に転換したといっても、それはいつでも民用から軍用に再転換できるということを忘れてはならない。現代の産業技術の多くは、常に軍事技術とパラレルな発展を示しているのである。[18]

すでに述べたように、科学の技術科学化はもはや科学の宿命として不可避な趨勢となっている。科学研究の原点が科学者の自発的な知的好奇心にあるとしても、現代の科学研究に不可欠の研究装置は莫大な費用を要し、個人ではまったく賄いきれない。つまり現代科学はスポンサーなくして成り立たない事態となっており、その科学費用は国民の税金であるから、そこから求められるのは科学・技術の成果の社会的有用性である。ここでわれわれとしては、科学者の主観と社会の要請の関係は言わば〝鶏と卵〟で、体制による特定分野の優遇が科学・技術者を集中させ、その分野を発展させる実態もあることに留意しておきたい。[19]

科学の社会的有用性は、現代においてはわが国に固有の科学観ではない。科学はもはや純粋の「アカデミズム科学」ではあり得ず、技術科学（technoscience）としての科学が産業社会の高度化と円環的な相互関連をなして進展する趨勢は世界的といえる。[20] すなわち科学の「社会的有用性」とは、科学が実用化と事業化が可能な「テクノサイエンス」へと変質するうえでの時代的エートスなのである。

しかし、わが国における工学の偏重は、前述のようにわが国の科学・技術政策によってもたらされた結果でもある。科学・技術の予算配分は、国際的時流が求め、国益にかない、成果が短期間に期待できる分野に重点配分される。理学的基礎研究よりも工学的応用研究が優遇され、理学部よりも工学部が優勢となる所以である。

第三節　専門家と生活者の新たな協働―その方向性―

一、生活者としての専門家

如上のように、科学・技術の専門家は自分の専門領域に関する強固な自信とプライドをもち、自分たちだけが排他的に保有する専門知識、情報、技能を駆使して研究・開発し、当該専門業務に従事することをもって自身のアイデンティティを保持する人々であった。彼らは（無自覚であるとしても）自分たちを非専門家の上位に位置づけ、〝専門的な事柄はわれわれプロに任せ、シロウトは黙って従えばよい〟という専門権威主義から脱却することができない。さらに、「福島原発事故」は明らかに「人災事故」であるにも拘らず「想定外」という言葉で責任を回避しようとする姿勢に見られるように、彼らが自らを自己批判し瑕疵を自認することは、一部を除いて通常ではまずあり得ない[21]。

かくして科学・技術専門家と生活者のあいだには、容易には埋めがたい溝がある。両者が現状を打破し、専門家がその能力をいかんなく発揮して自らの本分を遂行し、生活者が彼らの職務遂行を理性的に考査しつつ敬意と信頼を持ってその権威を受容するという高次のレベルでの相互関係を構築するためには、相互に容易ならぬ課題を抱えている。

まず専門家に求められる基本的課題は、「専門家であるまえに生活者である」という自明のことを深いレベルで自覚することであろう。このことについて正しく理解せず、専門家が「生活者」を「消費者」と置き換え、〝科学技術を消費者の目で見直すこと〟と見なすならば、彼は「生活者」というよりは「経済人」に転化したにすぎない。すでに述べたように、人間が「生活する」ということは「生きる」ことにほかならず、人間が「生きる」ということは、人間を取り巻く物的、生物的、社会的諸環境と調和しつつ〈生〉の全体を実現することにほかならず、これを「経済合理性」という近代文明の部分原理によって集約することは、かえって〈生〉を部分化し矮小化することになろう。この点では専門家も一般の市民もまったく変わるところがない。

また、専門家が同時に「生活者」であるという点は常識的ではあるが、これを、個人としての専門家の内部において「生活者」の上部に「専門家」を置き、両者の二重構造として一個の専門家が成立しているという理解に立つならば、それは誤りと言わざるをえない。両者は截然と区別されるものではなく、むしろ分かち難く混淆しているのである。両面を区別して考えるから、生活者感覚から遊離した「精神なき専門人」（M・ウェーバー）が独り歩きするのである。これに関連して科学思想史の金森 修は、「科学という制度は、他の文化から離脱し自己隔離的な定位をすることで自己を純化させ深化させるという認識を、科学者がもつように仕向ける。その世界内部の成功者は、いつしか断片的な生を当然視し、それ以外のものは趣味的な後景に退いてしまう」と述べ、「実際には科学者は、対象とする専門知や同僚との関わり以外の雑多な成分の滋養を受けながら生を紡いでいる。実存的位相が皆無だなどという個人は存在しない」と述べている[22]。

したがって、以上から要請される専門家の課題は、科学・技術に感覚的・感性的側面を自覚的に取り入れることである。科学・技術は、森羅万象に内在する普遍的真理を客観的に解明する科学のうえに成立する工学技術の体系である。そこでは、あくまでも人間の知性と理性が重視され、人間の感覚、感情、感性は客観化を阻害する主観的要因として排除されている。そこでの人間も自然・宇宙も機械論的世界観と主客二元論の科学観のなかに閉じ込められている。科学的方法としてはそれで止むを得ない面もあるが、問題は、それによって構成される科学的成果は万能ではないどころか大きな限界があるということを、科学・技術専門家が十分に自覚しているか否か、である。

ここで問題にしたいことは、はたして科学技術が排除する人間の感覚、感情、感性は、科学・技術にとって有害無用の人間性にすぎないのだろうか、という点である。近代科学の方法からすれば主観の排除は不可侵原則である。それは可としよう。自然とは、無数の自然界の法則に従って発生－変化－消滅する物的存在にほかならず、そこに主観が介入する余地はないという唯物主義も、とりあえず可としよう。自然科学の方法を否定する必要はない。問題は、科学者・技術者がそこに止まることである。対象を抽象的概念で理論化し数値化して客観的に測定したからといって、それで自然界の〈生身の活性〉を探究できるものではない。科学を以てしても遠い対象把握に対して、そこに少しでも近づくためには、科学的に捉えた対象を、もう一度「生活者」の〈生活の心性〉を用いて捉え直すしかない。日常から遠ざかったテクノロジーを引き戻すことである[23]。

人間の日常的経験は、五感の働きがあって対象を実感できるばかりでなく、喜怒哀楽の感情はもとより、情愛、尊敬、憎しみ、羨望、等々の多彩な情感があればこそ、人生を豊かなものと感ずることができるだろう。個々人の審美感や倫理価値もまた、人間が「活きる」うえで不可欠の心性である。科学・技術を含むすべての専門家も、生活者としてかかる〈生活の心性〉を有するばかりではない。むしろ専門家こそ、自己の内部で分断されているプロフェッショナリズムと〈生活の心性〉の両面を改めて協働させる必要がある。科学・技術者の知識と技能を用いて設計し、建設し、運転する原発施設・機械に対して、彼らが再度改めて生活者の感覚・感性を加味して点検し、補修し、改善することによって、前者の独善を牽制し驕慢を是正する可能性が拓かれるのではなかろうか。

二、生活の自己統制

では、生活者の基本的課題は何か。それはまず、「生計」に大きく傾斜した「生活」のバランスを回復することであろう。この度の震災では、家族・親戚、友人・知人、同僚を中心とした「(人間)関係」と、ボランティアや寄付などの「(社会)参加」の重要性が強く認識された。そこからわれわれは、人間は〝一人では生きられない〟という普遍的生活原理を再確認することになったが、政府の「経済成長」政策は人々の「生活」をこれまで以上に「生計」を中心としたものとなるよう誘導しつつある。国家経済レベルの「経済成長」が国民レベルの「生計」にどのような影響を及ぼすかという経済学的分析は留保するとして、重要なことは、国民一人一人が自己の生活を自分自身の意思によってコントロールする力をいかに強化するかが問われているという点であろう。われわれ生活者は、これまで、政治家、官僚、科学・技術専門家、そして原発関連企業の安全唱和を聞き流し、思考停止状態で電化生活の利便を享受するのみであった。しかし、その「生活」のツケは廻り巡って自分自身に還らざるを得ない。個々人の生活の統制力が弱体化し、それが社会全体のレベルに達した時、われわれは「福島原発事故」を経験することになった。

繰り返し述べたように、現代生活は科学・技術生活である。したがって、生活者は科学・技術に慣れ親しんで生活しているはずであり、その原理および専門的知識に関する「基本」を日常生活のなかに組み入れてきたはずである。しかしながら現実はどうかと言えば、日々更新される科学・技術の発展のなかで、人々はその便益を受動的に享受するのみで、個々の科学・技術の特色や問題点を主体的に考察したうえで、その生活適用を自主管理してきたわけではない。とくに原子力発電という高度に専門的な科学・技術に対する生活者の態度は、五〇年前の「原子力の日」からほとんど変化していない。〝未曾有の〟「東日本大地震・津波」と「福島原発事故」の発生に対しては、〝科学と科学技術、およびその専門家を信じてきたのに、裏切られた〟と嘆くのみである。

生活の「自律化」というセルフ・マネジメントの側面において重要なことは、生活者として原子力および原発技術の基本的知識を身につけるべく努力することであろう。上述のように、科学・技術に対する盲目的隷従は生活者に真の利益をもたらすことにはならないからである。したがって、生活者が科学・技術生活を自律化するうえで不可避の社会的課題の一つは、科学・技術教育の改革、とくに初等・中等教育における科学教育と原子力教育を充実・強化するという点である。また「生活者」にとって種々の生涯学習プログラムは重要な自己啓発の機会であり、そこでなされている科学・技術学習の意義も大きい。しかしながら、以上のように述べたとしても、いかに学校教育や社会教育の場で科学・原子力教育を改善したとしても、一般の生活者が標準的な科学技術リテラシーをこえて原子力および原発技術の専門的知識を身につけることは、現実には極めて困難である。

そこで科学・技術教育のみならず重要なことは、専門家と生活者のあいだのコミュニケーションの促進という課題である。この問題は広くは「科学技術コミュニケーション」の問題として議論されているが、ここでは専門家と生活者のあいだを繋ぐ「インタープリター」(interpreter)の役割に注目しておきたい。彼らは専門家と生活者のあいだにあって原子力および原発技術の基本を社会広報する専門職であるが、重要なことは、彼らが専門家の代弁者として生活者を説得する役割を担うという意味ではないという点である。その役割は、原子力および原発技術の専門的知識を生活者に理解できるほどにわかり易く正確に解説できることであり、さらに原子力および原発技術の長所と欠点のみならず、すべての原発企業の情報を精査し、それを評価することができることが期待される。したがって、彼らは「地球および国土の保全と国民の安全のために貢献すること」を最優先し、それ以外の価値判断をその下位に置くことができる人々でなければならない[24]。もちろんこのアイデアには反対意見もあるし[25]、その具体的役割や育成・選抜の方法をめぐる議論も緒についたばかりであるが、今後の具体的展開を見守る価値はあろう[26]。

おわりに―専門家教育と生活者教育の改革―

高度に機能分化した「組織社会」は、大量かつ高度な専門知識・技術を獲得することによって「知識・情報社会」に特有の便利さと豊かさをもたらしたが、それと同時に他面では無知の領域を飛躍的に拡大させ、影響範囲が甚大なリスクの増大をもたらした。「福島原発事故」は、「知識・情報社会」における「専門家」の驕りと「生活者」の甘えによって醸成された「リスク社会」化現象の累積が、その臨界値を超えて悲劇的に顕在化した事例であった。

「知識・情報社会」が抱える「専門化リスク」に対応する道は、安直には見出せないと言わざるを得ないが、それにも拘らずその道を探索するために敢えて言うとすれば、「生活者に開かれた専門知の創造」と「専門知を吟味し得る生活者の育成」を両輪とする「専門家と生活者の新たな協働」の可能性を探求する必要がある、ということではなかろうか。

かかる認識に基づくならば、克服すべき課題は、「専門家」問題と「生活者」問題の二つのベクトルを交差させることである。そして両者に共通する課題解決の前提は、「専門家」も「生活者」もともに変わることである。ただし「変わる」といっても、まずはそれぞれに変わる意思がなければ変わることはできない。おそらく「専門家」も「生活者」も簡単には変わろうとしないだろうが、率先して変わるべきは何と言っても「専門家」であろう。「知識・情報社会」を作りあげ、リードしてきたのは「専門家」にほかならないからである。そして、「専門家」と「生活者」が変わるうえで両者に共通する課題は、教育改革、すなわち専門家教育と生活者教育の改革であろう。

科学・技術者を典型とする「専門家」は大学院時代から狭い領域の中で研究し、同じ分野の少数の研究者しか読まない論文を量産するという修行を積んで〝一人前の専門家〟へと成長する。こうした専門家が、果たして人々の多様で繊細な〈生活の心性〉を想像し理解しそこに寄り添うことができるであろうか。「専門家」が「生活者」との新たな協働を再生するためには、特殊な「専門家」を作り上げてきた教育課程を改変する必要がある。とくにわが国における大学院教育課程は専ら「専門」教育であって、教養・哲学・倫理教育は驚くべきことに殆ど行われていない。それは学部教育に任され、あとは各自の研究主題に応じた自己啓発に委ねるというのが実態である。カリキュラムの単発的改善でどれだけの効果が期待できるか疑問もあるが、まずは大学院において教養・哲学教育を重視するカリキュラム改革を行い、自己の専門研究が究極的な意味で「人間存在」といかに関わるのか、現在の研究や技術が百年・二百年後の人々の生活環境と生活の安全を毀損する可能性はないのか、等の哲学的・文明論的省察をなすことができる真正の高度知識専門家を養成する必要があろう。

他方、「生活者」が変わるためにも生活者教育の改革は不可避であろう。すでに述べたように、初等・中等教育における科学・技術教育・原子力教育の改善や生涯学習の場での再教育・自己啓発の重要性はさらに強調し続ける必要がある。しかしここで強調したい点は科学・技術の知識教育の側面よりも、むしろ国民が「生活者」となるための初等・中等教育における「学び」の涵養についてである。この観点から言えば、国民教育改革のより根本的な課題は、わが国の初等教育から高等教育に至る「教育の姿勢」の改革である。

わが国の「教育」の欠点は、しばしば指摘されてきたような知識偏重型という点にあるのではない。むしろ、生徒・学生の全員が同じ回答を出すように仕向け、疑問や異論・異見の余地を認めない「教育の姿勢」にこそあると考える。(27) 教育行政と学校は、あたかも国民がある地点で思考を停止し「お上《カミ》」の意思を正解として受容すべく、上意下達の一元的画一化教育を推進してきたと言って過言ではなかろう。

そうした「教育の姿勢」は「学びの姿勢」の対極にあるスタンスと言わざるを得ない。なぜなら、「学び」とはそもそも学習する個人の知的好奇心に発し、「よりよく生きる」ための智恵と知識を習得するというもっとも人間的かつ能動的な活動であり、「教育」とはその主体的「学び」を促進する機会と技術を提供する制度にほかならないからである。「教育の姿勢」と「学びの姿勢」は一致しなければならないにも拘らず両者が乖離しているのは、教育政策・行政の思想的後進性にその根源的原因を求めることができるが、[28] さらにそのもとで、教育現場における教員が「専門家」の陥穽に落ち、無自覚のうちに「教育」を「学び」の上位におく錯誤を犯してしまうところにも一因があると言わざるを得ない。すなわち、教員は各学科の「専門家」であり教育技芸のプロでもあるが、[29] 学習者による主体的「学び」という側面から見れば、彼らの専門的教育職能の実践は高度に自制的なものでなければならない。教育者は学習者の「生活者」としての教養基盤を豊かなものにする方向においてその専門性を発揮すべきだからである。

（補遺）本章は経営哲学学会（二〇一四年）『経営哲学』第一一巻一号所収（一六二―一六五頁）「専門家と生活者の新たな協働」を大幅に改稿したものである。経営哲学学会機関誌編集委員会に謝意を表したい。

注

（1）小笠原（二〇〇四年）。小笠原（二〇一三年）。
（2）山本（一九六一年）
（3）企業経営学はつねに産業界とともにあり、産業発展の実践的知識学としての社会的有用性を期待されてきた。そのことの意義を認めないわけではないが、企業経営学の成果をそのまま病院、学校、行政組織、NPOなど企業以外の協働システムに適用するとき、種々の無理が生じることは明らかであろう。
（4）Barnard (1968) p.65.（邦訳六七頁）
（5）わが国の場合、文明開化期の殖産興業政策によって科学は始めから科学技術として輸入され、帝国大学工科大学（現東京大学工学部）で科学技術のエリート育成がなされた。そのため、その後の旧制大学理・工系学部においても理系学部より工学部が偏重され、この構図はこんにちにおいてもそのまま引き継がれている。しかしその工学偏重の程度は、科学史家の村上陽一郎によれば米国の一・・一に対し日本は開発途上国並みの一・・七（または八）と極端で、しかもその知識水準が極めて高度である点は世界的例外であると言う。こうした日本的特異性を同氏は日本社会の「世俗性」と呼び、個人生活と社会に実利を齎す実用的知識を尊ぶ文化が存在する点がヨーロッパ的知識観を基盤とする欧米文化と異なることを指摘している。村上（一九九四年）六四-七〇頁。村上（二〇一〇年）一五-二六頁。

（6）工学者の志村史夫は、科学と技術が「紙幣の表と裏のように、切り離し難く一体化しており、」「両者は区別できない」とする村上陽一郎の科学技術融合論を批判し、「両者は区別されなければならない」と主張する。志村（一九九七年）五一頁。伝統的にヨーロッパは区別論であるが、日本の場合は一体として輸入されたという事情がある。野家（二〇一五年）二二一頁。

（7）ここで両者の相互形成を忘れてはならない。「科学・技術者」によって創られた「科学・技術」は、反転して「科学・技術者」を作るのである。

（8）JST科学技術分類表（四桁）によれば、九六〇種の分類となる。

（9）二〇一四年に科学界を揺るがした理化学研究所の「スタップ細胞」騒動も、最終結論は未定ながら、研究者の先陣争いが招いた事例と見て大きな過誤はないだろう。

（10）「科学と価値」の問題には二段階がある。第一は「研究」のプロセス（方法、作業）における「主観の排除」という原則であり、第二には研究の背後ないし基盤にある研究者の価値観の問題である。本文で述べたことは後者の問題である。ロボットならぬ研究者が自己の研究動機、目的、使命感に発して研究するのは当然であって、研究から研究者個人の主観を排除することは不可能である。

（11）科学（科学・技術）が政治の従僕となる危険性について、科学者の側から発信された最も有名な声明が、いわゆる「ラッセル＝アインシュタイン宣言」である。これは哲学者バートランド・ラッセルと、アルベルト・アインシュタインが中心となって一九五五年七月九日、当時の第一級の科学者ら一一人の連名（湯川秀樹も署名）で核兵器廃絶・科学技術の平和利用を訴えた宣言である。

（12）西周による翻訳語としては、科学は「百科の学術」の意味であるという。佐藤（二〇一一年）一一九頁。

（13）天野（一九九六年）。

（14）小笠原（二〇〇四年）一一五頁。

（15）小笠原（二〇〇四年）第四章第四節。

（16）池田隼人内閣、一九六四年七月三一日閣議決定。

（17）一九六四年東京オリンピックは筆者の高校三年時であり、六〇年代から七〇年代前半にかかる高度成長期を青春時代として経験した筆者の生活実感としても、この時代は日本社会の「生活」が転回した時期だったという感慨が強い。

（18）この問題は「科学の制度化および体制化」として廣重（二〇〇三年）が主題化した問題である。

（19）これも「科学の制度化」の問題である。

（20）前出の村上陽一郎によれば、意外にも、社会的有用性という要因はノーベル賞候補となる必須条件ではないという。村上（二〇一〇年）

一〇-一二頁。しかし私見ながら、経済学賞はもとより自然科学三部門のノーベル賞の場合でも、その受賞要件として「有用性」や「実用性」が重視される傾向があるように思われる。

(21) 二〇一五年一月二二日現在、東京第五検察審議会が「起訴相当」と議決した東京電力旧経営陣三名に対し、東京地検は再度「不起訴処分」とした。今後検察審議会が再審査し、改めて「起訴議決」が出れば強制起訴、裁判となるであろうが、わが国の場合、この種の事案に対する経営者の責任を問うことは難しい、という伝統がある。

(22) ここで金森は「実存者というべきで、生活者とはいってはならない」と主張している。金森にとって「生活者」という言葉は「日常生活の淀みや裂け目」とともに生きる実存生活に目を向けない平板な意味になってしまうということであるが、われわれの「生活」概念は人間的〈生〉の実存性に基づく理論的概念であることを重ねて強調しておきたい。金森(二〇一五年)一二一頁。

(23) 以上の考察は生命誌論の中村(二〇一三年)の議論から多くを得ているが、中村は哲学者大森(一九九四年)の「密画と略画の重ね描き」の論理に基本的に依拠しているという。

(24) これまでもマス・コミのなかに「解説者」がいるし、各専門分野の「コメンテータ」として活躍する「文化仲介者」がいる。しかし彼らが組織や業界から、そして彼らの本務・本職からどこまで〝自由〟であるか、疑問なしとしない。西山(二〇一三年)三九-四二頁。また、この「インタープリター」という専門職を何と邦訳するか、なお未定である。

(25) 中村(二〇一三年)は、この媒介者もまた「専門家」である以上、その本質的限界を内在させたまま屋上屋を架す仕儀になる怖れ無きにしも非ずとして、このアイデアに反対している。

(26) 文部科学省の助成による「科学技術コミュニケーター人材養成プログラム」として、二〇〇五年度より東京大学、大阪大学、早稲田大学で開始された。小林(二〇〇七年)一八-二二頁。都筑/鈴木(二〇〇九年)二九-三〇頁。

(27) 受験用学習を第一義とする高偏差値学校の教育は画一化教育の模範と言える。さらに大学では「考えること」の重要性を説きながら、入試では難関大学ほど「考えない」で正解を出すのが得意な受験生を選抜している。

(28) 教育思想の後進性とは、鹿島茂の言葉を借りれば「調教」の思想ということになる。鹿島(二〇一五年)一二四頁。

(29) 多くは免許制であり、今では「教職大学院」という専門職学位課程大学院も設置されている。

第二章　専門化社会における「安全・安心」確保の問題
――「専門家と生活者の協働」構築への予備的考察――

藤沼　司

はじめに

現代社会は「専門化社会」である。それは、特定組織内および社会内での高度に機能分化した、諸専門機能の緊密なネットワークによって構築された外部依存性の高い社会である。専門化社会を生きるわれわれ「生活者」は、「無数に機能分化した専門領域の職能人」（小笠原、二〇一四年）として機能化しつつ、その他の広範な生活領域においては諸他の専門家によって提供される諸活動に依存しつつ自己の生活の充実（再主体化）を目指す。この観点からすれば現代社会における「専門家」とは、非人格的な特定の組織目的実現に向けて特定の専門領域において機能化するわれわれ自身を指す。しかしそのことで却って、総体的／相対的に高質で安全な生活を安定的に送ることも可能となっている。

われわれは、基本的・日常的に、諸他の「専門家」によって担われている諸活動を、「安全」なものとして「信頼」し、「安心」して「無関心圏」（Barnard）内に収め、受容している。ただし、そうした専門家が不正や不祥事、事件、事故を引き起こした場合、われわれの彼（女）らへの信頼は揺らぎ、「不安」になり、無関心ではいられない。人間の基本的な特徴に「不安」があるとすれば、いかにして「心の平安 peace of mind」を得るか、つまり「安心」を確保するかは、非常に重要な課題である。[(1)]

こうした、専門家の諸活動に支えられている今日のわれわれの日常生活が、いかに脆弱な基盤の上に成立しているかを、改めて考えさせる事態が発生した。それが、「福島原発事故」であった。それは、専門家間の、そしてまた専門家と生活者間の放射性物質の安全・安心に関する認識ギャップを浮き彫りにするものであり、原子力発電企業の公益性や「安全神話」への疑念の高まりをもたらした。それはまた、「安全神話」を下支えしている専門家あるいは科学・技術そのものに対する「信頼の危機」をもたらした。同様の問題を、低線量被曝や活断層評価の問題、さらには除染関連の問題や福島第一原発の汚染水問題などの中にも見出すことができる。こうした、安全・安心の基準をめぐって専門家の間でも意見が分かれ、福島原発事故以後、日本では、専門家や科学・技術に対する「信頼の危機」や「不安」が急速に拡散し、いまだ「信頼の回復」や「安心の確保」には至っていない。

こうした中、各種専門家と生活者がともに社会のあり様や科学・技術のありうべき方向性についての社会的合意形成を目指すことが必要であるとの議論が高まってきている。こうした「専門家と生活者の協働」を確保するには、何が必要であろうか。経営学の観点から言えば、それは、①共通目的の共有、②コミュニケーションの確保、③貢献意欲（協働意思）の確保、であろう。そのなかでも特に福島原発事故以来の「信頼の危機」は、各種専門家間の、そして彼（女）らと生活者との間のコミュニケーション確保の重要さと困難さを際立たせるものであるように思われる。

そこで本章では特に、各種専門家と生活者とのコミュニケーションを確保するための共通基盤を探るための予備的考察として、なぜ各種専門家と生活者との間のコミュニケーションを確保することが困難になるのかを検討する。そのためにまず、専門家が立脚する科学的言説の特徴や問題性を検討する。そのことを通じて、「専門家と生活者の協働」を構築する上で基盤となるコミュニケーションをいかにして確保するか、その解決の方途・課題も見えてこよう。

第一節　科学的言説の特徴と問題性

一、大森荘蔵「重ね描き」論

科学的言説の特徴を確認するために、哲学者・大森荘蔵の議論を手掛かりとする。大森は、生活者の常識から科学が生まれて今日の現代科学にまで発育してくる過程を、「略画からより精密な密画への発展」として捉える（大森、一九九四年a、七頁）。

大森は、「西欧の一六・七世紀頃に起こった科学革命が推し進めてきた現代文明が二〇世紀の今日一つの転回期（ユーターン）にきたのではないか」（大森、一九九四年a、一二頁）と言う。大森は、「近代科学以前の世界観から近代的世界観への転換を、略画的な世界観の密画化として見る」（大森、一九九四年a、一七頁）[2]。通常、この密画化のプロセスは、自然の数量化ないしは数学化と特徴づけられる。しかし、科学革命において重要なことは、「自然の数学化」ではなくて「自然の死物化」の進行にあると大森は言う。「略画では『生きていた』世界が密画では『死物』となった」のである（大森、一九九四年a、七一頁）。その要諦は次の通りである（大森、一九九四年a、一二七頁）。

(1) 世界の究極の細密描写は幾何学・運動学的描写である。そしてそれが世界の「客観的」描写である。
(2) それに対して、色、音、臭い、手触り等の描写は客観的世界そのものではなく、それが個々の人間の意識に映じた「主観的」世界像の描写である。

近代科学の成立に伴う、こうした死物的自然観が支配的になってくる結果、人間の「心」は自然世界からはみ出してしまう。心は主観的なものとして、一人ひとりの「内心」に押し込められることとなった。「この、外なる（肉体を含んでの）死物自然と内なる心の分離隔離、それが近代科学がもたらした現代世界観の基本的枠組なのである」（大森、一九九四年a、一四頁）と、大森は言う。

この略画的常識から密画的科学に展開してゆく過程で、「感覚や感情をはじめとする人間の『心』に帰属する一切が科学から排除されることになった」（大森、一九九四年a、八頁）。「『心』の排除は当然価値だとか宗教だとかおよそ一切の人間的なものを排除することであり、人間的に意味のあることを無視することであるにもかかわらず、多くの人はウェーバーの『価値からの無縁（Wertfrei）』という言葉を祝詞のように唱えて『科学的であること』を誇りとしたのである」（大森、一九九四年a、八-九頁）。

ここに、現代を生きるわれわれに巣くう「不安」の根源があり、この不安を多少とも鎮静させる方策として大森によって提案されるのが「重ね描き」概念である。それは、「事の発端は科学の初期段階で感覚その他の『心』の諸相を排除したことなのだから、単純にそれらを取り戻して科学の世界像の上に重ねて描く、ただそれだけのことである。……中略……科学の無色無音の死物描写の上に色や音を重ねて描くというただそれだけのことである」（大森、一九九四年a、一〇頁）。それは、科学が目指す「物理的描写」とともに、科学が排除した「知覚描写」を重ね描くことで、「活物自然と人間との一体感」の回復（物活論／感性の復元）を目指すことを意味する。

野矢茂樹に拠れば、大森が言う密画的な科学描写と略画的な日常描写（知覚描写）には「視点」の違いがある。「科学描写とは、日常描写されたものをその特有の言葉遣いで改めて語りなおすもの」（野矢、二〇一五年、一七一―一七二頁、傍点は筆者による）である。[3] それは、「私の視点」という行為主体の視点からの日常描写（内側からの描写）を、「無視点的・第三者的な視点」から語りなおすこと（外側からの描写）に他ならない。その結果、「無視点的・第三者的な視点」からの科学描写は、「私の視点」から語られる「私と世界との関わり」という「私の経験」を描かない。科学が目指す物理描写は外的対象の「因果的」説明であるのに対して、日常描写は私と世界とがどのように関わっているのかという「意味的」説明である（大森、一九九四年b、二六六頁）。密画的科学描写は、そして「科学的であること」を誇りとする現代社会は、「私と世界とがどのように関わっているのか」という「意味的」説明を、各自の内心の問題とするがゆえに「意味の空洞化」をもたらし、「不安」を惹起する危険性を孕んでいる。

　以上の大森の議論の含意を端的に示せば、科学描写は、「生きている自然」を死物化し、「生きている私の経験」を描かない、つまり「生きている」ことを捉え損ねる、ということである。

二、野家啓一「物語り」論―理解可能性と受容可能性―

(1)　物語りの二つの作用

大森の議論を洗練させる形で、野家啓一は科学的言説を「物語り行為」に包摂する「物語り」論を展開する。以下では、野家の議論（野家、二〇〇五年、野家、二〇一〇年）を要約する形で、物語り論を概観する。

　野家に拠れば「物語り行為」は、「二つ以上の出来事（＝経験）を時間的に組織化、あるいは統合化する言語行為」（野家、二〇一〇年、五頁）と定義される。この物語り行為には、〈現実組織化作用〉と〈現実制約作用〉という二つの作用がある（野家、二〇一〇年、六―七頁）。

まず〈現実組織化作用〉とは、バラバラの経験あるいは出来事を時間的に一つにまとめ上げる働きをする。つまり、「始まりと中間部と終わり」といった構造を時間的に組み立てることにより、孤立していた経験を一つのまとまったナレーションとして組織化する。それによってわれわれは自分の経験を整合的に理解し、秩序立った時間的形象として受け入れることができる。(4)

次に〈現実制約作用〉とは、われわれは、ものを見るとき、語るときに、既成の物語りのパターンに当てはめて、それを理解し解釈しているという事態に由来する。ある出来事が起こったときに、それを理解するあるいは受容するというのは、既にわれわれが知っている過去の物語りに当てはめて見たり、解釈したりすることを意味する。つまり、物語りはわれわれの経験を枠どり意味づける一定の「概念図式」に他ならない。したがって、出来上がった物語りに対して、どのような選択や省略、誇張や隠蔽といった操作が加わったかを分析することで、その物語りのイデオロギー性を批判的に考察することができる。また、語り手の発話の立ち位置を浮き彫りにすることが可能となる。(5)

野家の問題関心は、「物語り」論の方法論を歴史哲学から科学哲学の方向へと拡張し、いわば「科学のナラトロジー」を構想するところにある（野家、二〇〇五年、三七〇頁）。そのために野家は、科学と物語りとの共通性および差異性について検討する。

(2) 科学と物語りとの共通性

科学における観察にも、また物語りにおける歴史的出来事にも、同様になんらかの概念図式があらかじめ浸透しているという一種の解釈学的循環があると、野家は言う。それが、科学における〈観察の理論負荷性〉であり、また物語りにおける〈物語り負荷性〉である（野家、二〇一〇年、一六–一七頁）。理論は観察が基礎になければ経験的基盤を失って成立しえないが、逆に理論がなければ何をどのように観察すればよいかわからない。また歴史叙述においても、われわれはすでに「物語り負荷性」ともいうべき物語り的な枠組の中で見ている。

前に起こった出来事は後に起こった出来事によってその意味づけが変わる。過去の意味はそれが起こったときには完結せず、それ以降に起こった出来事と結びつけられることで、新たな意味、新たな評価を獲得する。確かに過去に起こった出来事は変更できない（存在論的優先性）が、その意味や評価は絶えず新たな出来事によって変更される（認識論的優先性）。過去は決して完結することはないし、歴史は未来に開かれている（野家、二〇一〇年、一八頁）。ここに、歴史的出来事と歴史叙述との間の「存在論的優先性」と「認識論的優先性」との解釈学的循環がある。

また科学にも物語りにも、目で見たり手で触ったり知覚することはできないが、その存在をわれわれが確信する「理論的存在」（電子、赤道、ＤＮＡなど[6]）や「物語り存在[7]」がある。その確信の根拠は、背景理論が正しいことを前提としての確信にほかならない（野家、二〇一〇年、二一頁）。

(3)　科学と物語りとの差異性

次に野家は、科学と物語りとの差異を、以下の三点に整理する（野家、二〇一〇年、二四–三〇頁）。

第一は、〈科学的因果性〉と〈物語り的因果性〉という因果性カテゴリーに関わる。近代科学では「Why」の代わりに「How」が前面に出てきて、「Why」への問いは禁じられないまでも背景に退いている。しかし、「なぜ」という問いこそ、本来的に因果性に関わっており、それが〈物語り的因果性〉に関わる。

第二は、〈連続的時間〉〈密画的描写〉と〈離散的時間〉〈略画的描写〉という時空間に関わる。自然科学的説明では時間は連続的であるから、どの時点を初期条件にとり、それより後のどの時点を結果にとるかは任意である。自然科学では基本的な法則は微分方程式で書かれるので、原因と結果はどこまでも時空的に接近することができる。それに対して、物語り的因果性に流れているのは離散的時間である。原因と結果の間には一定の時間幅があり、その中間部を因果関係によって充填する。

第三は、〈事物の因果性〉（リアリティ）と〈行為の因果性〉（アクチュアリティ）という事物と行為の対比に関わる。リアリティは、現実を構成する事物の存在に関して、これを認識し確認する立場から言われる。このことが、「三人称の科学」としての「客観的記述を目指す自然科学」に向かう。またアクチュアリティは、現実に向かって働きかける行為の働きそのものに関して言われる。このことが、「二人称の科学」の可能性（主観的要素を排除しない「我と汝」の間に成立する関係性や社会的文脈に関わる）に向かう。

「三人称の科学」としての自然科学は、基本的に一次性質、つまり客観的に測定可能な物体の性質を扱い、二次性質（色・音・臭い等の知覚的性質）を排除する。長さ、重さ、速さのような物理的性質を対象に、世界を普遍的な視点から記述することを目指す。それが目指すのは、理解可能性に基礎を置いた妥当な説明であり、事物世界のリアリティの解明である。

それに対して「二人称の科学」は、単なる理解可能性ではなく、その説明が当事者に納得して受け入れられるかどうかという受容可能性であり、それは行為に基礎を置いたアクチュアリティに関わっている。その意味で「二人称の科学」が扱うのは、感覚的・情緒的な述語に彩られた歴史的世界にほかならない。

三、科学的言説の特徴と問題性

野家は、大森が提唱した「重ね描き」論を、「三人称の科学」と「二人称の科学」として整理した上で物語り論によって基礎づけるという仕方で、継承・発展させようとしている。そのことによって、「生きている」経験を可能な限り全体として捉えることを目指している。野家は、「二人称の科学」における「受容可能性」の重要性・必要性を指摘する。「受容可能性」は、H. Putnam の「（理想化された）合理的受容可能性 idealized rational acceptability」概念と言い換えうると、野家は言う(8)。Putnam に拠れば合理的受容可能性の条件は、整合性 coherence と適合性 fit（Putnam, 一九九四年、八六頁）であり、ある種の「（理想化された）合理的受容可能性」が真理であると言う。「真理とは、ある種の（理想化された）合理的受容可能性—われわれの信念相互の、そして信念とわれわれの経験（ただしそれ自体がわれわれの信念体系において表現されているものとしての経験）とのある種の理想的整合性—であって、心から独立した、あるいは談話から独立した『事態』との対応ではない」（Putnam, 一九九四年、七九頁）。真理とは、「神の眼のごとき観点」からではなく、「世界の出来事に巻き込まれているわれわれ自身の観点」（野家、二〇一〇年、二三頁）・内在的視点から、共時的・通時的に見て整合性のとれる合理的に受容可能な事柄となる。

福島原発事故以後、われわれは専門家や科学的言説に対する「信頼の危機」、安全・安心の動揺を経験している。これまでの考察を踏まえると、次のことを指摘できようか。

第一に、各種専門家の科学的言説による説明が、もっぱら「三人称の科学」の観点からの理解可能性に基礎を置いた、各々の専門領域内部での「妥当な説明」に留まっていたのではないかということである。

第二に、「二人称の科学」の観点からすると、必ずしもわれわれ一人ひとりの生きた歴史的世界における「私と世界とがどのように関わっているのか」あるいは「今後、どのように関わっていけばよいのか」という「意味的」説明になってはいなかった危険性があるということである。

第三に、そうであるがゆえに、生活者にとって納得性（受容可能性）の高い説明にはなっておらず、不安の軽減・解消や安心の確保に必ずしも結びつかなかったのではないかということである。専門家間ですら整合性がとれず、「私と世界との関わり」に関して適応的な「意味」的説明も為されていなかったのではないか。

この受容可能性の確保が、「安全・安心」の確保問題や「専門家と生活者の協働」構築問題と密接に関わるものと思われる。この点を意識しながら節を改めて、科学的言説（三人称の科学）では捉え損ねる「生きている」経験について、改めて考えてみたい。

第二節　「生きている」経験の再考—「生命の art」と科学の役割—

一、Whitehead「有機体の哲学」の概観

A.N.Whitehead は、死物的自然観に立脚する近代科学に特徴的な科学的宇宙論を「科学的唯物論」と名付け、限定つきでその妥当性を認めるが、「抽象の域を脱すれば、この図式はただちに瓦解する」（Whitehead, 1967, p.17, 二四頁）と指摘する。

Whitehead はそれに代わる宇宙論として、「有機体の哲学」を唱える。Whitehead は、無機物、植物、動物、そして人間を問わず何であれ、それらを有機体と捉え、すなわち「生きている」経験の主体と捉え、それらあらゆる経験の主体を「現実的実質 actual entity」と概念化する。現実的実質は、過去的なものによって因果的に限定されているのみならず、そうした限定を超え出るような自由を含んでいる。ある現実的実質が、過去的なものによって因果的に限定される側面を「物的 physical」と呼び、そうした因果的限定を超え出る側面を「概念的 conceptual」ないし「心的 mental」と呼ぶ。つまり、あらゆる現実的実質は物的な極と心的な極という両極性を有している。たとえ、石のような無機物であってもこの両極を備えているが、心性（mentality）は極小に近づくがゆえに、因果法則に支配された、単に死んだものと考える通常の考え方も許される。

現実的実質には、過去的なものによる因果的限定を超え出て自己を創造する主体化過程と、そのプロセスが終息して後続する他の現実的実質の与件として客体化される過程がある。それはつまり、「生成 becoming」から「存在 being」になることを意味する。前者が「合生 concrescence」であり、後者が「移行 transition」と呼ばれる。合生には三つの相があり、第一段階は原初相、第二段階は補完相、第三段階は満足（satisfaction）、と区分される。

第一段階の原初相において現実的実質は、それ自身の世界に直接的に与えられたものを所与として受容することで限定される。現実的実質が、こうした与件を受容する働きを「物的抱握 physical prehension」と呼ぶ。物的抱握には、積極的（positive）と消極的（negative）とがあり、前者は与えられたものを積極的に自身の内に受容することであるのに対して、後者は受容を拒否する働きである。Whitehead は積極的な物的抱握を「感じ feeling」と呼び、それは「情的」という性格を有する。それが、経験の原初相である。こうした原初相はまた「物的極」とも呼ばれ、そこにおいて現実的実質は、過去的なものによって因果的に限定される。

しかし現実的実質は、単に因果的に限定されるのみならず、ある目的観念を未来に向かって実現するという仕方で、それを超え出た「新しさ novelty」を産み出し、自らを創造していく自由を備えている。これが補完相であり、Whitehead は「心的ないし概念的な極」と呼び、それは「知的」という性格を有する。

そして最終相において、現実的実質は自己を創造し終えると満足し、後続する現実的実質の主体化のために自らを与件（頑固な事実・事物）として客体化する。つまり、生成から存在へと移行する。そのことで現実的実質は、世界を構成する新たなひとつの要素として、世界の形成作用に貢献する。またこの最終相においては、情的なものと知的なもの、物的なものと観念的なものとが、コントラストに基づいて統合されることになる。ここにおいて、物心（身心）二元論あるいは主観‐客観図式といった二項対立を超えた、「情的知」という立場が成立する。情的知においては、情は知に先立つのであり、後者は前者から導き出されてくる。それにもかかわらずその関係が忘却され、知だけで独立して働くことになると、そこに「知性至上主義」が成立してくる。今日の科学技術文明は、知性至上主義の産物である（山本、一九九五年、一七六－一七七頁）。

現実的実質は、主体化過程である合生と客体化過程である移行という二つのプロセスから成る。このプロセスに本章の課題である科学的言説を重ね描けば、「科学が取り扱うのは、この経験において最初の相を形成する与件 the data であるところの客体 the objects」（Whitehead, 1985, p.16, 二六頁）、つまり移行の面と対応することになる。密画的科学にともなう死物的自然観は、「頑固な事実 stubborn fact」のリアリティとして客体化されて存在する現実的実質（の抜け殻）に注目する。その結果科学は、「生きている」経験の半面である移行（客体化過程）に焦点化するあまり、もう半面である合生を、すなわち諸々の与件を統合しながら自己創造しつつある主体化過程のアクチュアリティを捉え損ねる危険性を孕んでいると言える。[9] この合生過程に対応するものが、宗教である。Whitehead では、「宗教が取り扱うのは経験主体の形成」（Whitehead, 1985, p.16, 二六頁）であり、宗教と科学とを架橋するところに、哲学が位置づけられる。「哲学がその主な重要さを達成するのは、両者つまり宗教と科学とを、一つの合理的な思考の構図に接合することによってである」（Whitehead, 1985, p.15, 二五頁）。[10]

大森「重ね描き」論、野家「物語り」論、そして Whitehead「有機体の哲学」の所論から、科学的言説が「生きている」経験の半面である「客体化過程のリアリティ」に焦点を当てていること、その結果として逆に、「生きている」経験のもう半面である「主体化過程のアクチュアリティ」を捉え損ねること、そして「生きている」経験の両面性を全体として受けとめる情的知の必要性、を読み取ることができる。

そのことを踏まえ、では、われわれ一人ひとりの生きた歴史的世界における「主体化過程のアクチュアリティ」の「意味的」説明として、その受容可能性を確保するにはどうすればよいのであろうか。この点を、もう少しWhiteheadに即して見ていきたい。

二、「生命のart」に見る人為性と自然性―抱握を中心に―

Whiteheadは「生命は自由freedomを求めんとする努力である」(Whitehead, 1985, p.104, 一七九頁)と言い、「自由の本質は、目的の実行可能性である」(Whitehead, 1967, p.66, 九〇頁)と指摘する。しかも「自由は状況を超え出るところにある」(Whitehead, 1967, p.67, 九二頁)。生命は、過去的・因果的に限定づけられながらも、そうした状況の拘束性を超え出て、当該主体固有の目的を設定しその実現を追求する自由(目的の実行可能性)を求めている、言い換えれば、未来的・目的論的に状況(与件)を統合しつつある自己創造的プロセスである。

そして、生命形態が高度であればあるほど、自身を取り巻く状況の改善に積極的に取り組むのであって、こうした状況への積極的なとっくみあいを、つまり「私が世界と関わること」を、「生命のart(art of life)」とWhiteheadは呼ぶ。「生命のart」には三つの衝動があり、それが①生きることto live、②うまく生きることto live well、③よりよく生きることto live better、である(Whitehead, 1929, p.5, 一一-一二頁)。この、「生きること」から「うまく生きること」へ、さらには「よりよく生きること」へと「生命のart」の向上を促進させることが「理性reason」の機能となる(Whitehead, 1929, p.2, 八頁)。

artとは、現実的実質が過去的・因果的に限定されつつも、そうした状況を超え出て、未来的・目的論的に自らを創造していくために、さまざまな事物を主体的に統合していく「技芸」である。(11)「人為的artificialであることが、artの本質である。しかし依然としてartでありながら、自然に復帰することreturn to natureが、その完成である」(Whitehead, 1967, p.271, 三七二頁)。artとは、目的の実行可能性という人為性を、現実的実質に直接与えられた客観的所与としての世界・状況(自然性)に対して、目的論的に適応させることである。自然性とのコントラストに基づく調和の内に人為性を実現させることが、art の完成を意味する。そしてそのことが、〈真的美 truthful beauty〉という価値の実現である。[12] 現実的実質は、自らが置かれた世界を直接的な所与として受容するわけだが、そこで〈真理 truth〉が問題となる。しかし現実的実質は過去的・因果的にそうした実在によって限定されつつも、それへの順応に留まらず、未来的・目的論的に自己を限定しつつ、新しさの創造を目指す。そこで、〈美 beauty〉が問題となる。「〈美〉の完全性は、〈調和〉の完全性として定義され」(Whitehead, 1967, p.252, 三四八頁) る。art の目的である〈真的美〉は、現実的実質が創造する「新しさ」(人為性) が「実在」(自然性) とのコントラストの内に調和を達成するときに実現される。

前節で野家「物語り」論を取り上げながら、「二人称の科学」においては、「主体化過程のアクチュアリティ」として、われわれ一人ひとりの生きた歴史的世界の「意味的」説明の受容可能性を確保するにはどうすればよいかを問題化した。その際野家は、Putnam に由来する「合理的受容可能性」概念を援用していた。Putnam はある種の合理的受容可能性を「真理」であると言い、その条件として「整合性」と「適合性」を挙げている。対して Whitehead に拠れば、主体化過程のアクチュアリティとは、art の遂行を通じた〈真的美〉の実現であり、「〈美〉を度外視すれば、〈真理〉は、善でも、悪でもない」(Whitehead, 1967, p.267, 三六八頁) として、〈真的美〉の実現の必要性を強調する。Putnam が指摘する受容可能性の条件となる整合性と適合性とは、Whitehead と関連づければ、「現象の実在への目的論的適応である」(Whitehead, 1967, p.267, 三六八頁) art の行使を通じた〈真的美〉の実現の程度と言えようか。Putnam と Whitehead の異同に入り込むことは、本章の目的ではない。あくまでも「受容可能性」の条件を探るために、〈真的美〉に関わる議論をさらに検討する。[13]

三、「生命のart」と受容可能性の条件

こうした「artは、現在の利得 the gain of the present のために未来の安全 the safety of the future を無視する」（Whitehead, 1967, p.269, 三七〇頁）可能性がある。主体化過程にある現実的実質は、artを介して、〈真的美〉の価値を「自分自身のために」現在において享受し、満足する。それが、他の現実的実質との間での「相互的抑止の不在／苦痛な衝突の不在」を確保するとき、「小さな形の美」が達成される。しかしさらには、満足し、後続する他の現実的実質のための与件として、「他者のために」自らを客体化すること自体が構成要素となって、全体として新しいコントラストを伴うひとつの調和を実現させるとき、「大きい形の美」（諸調和の調和 harmony of harmonies）が達成される。ここには、主体化過程における「自分自身のための」「小さな形の美」の追求という〈冒険 adventure〉と、客体化過程における「他者のための」「大きな形の美」の追求という〈冒険〉の、両面性がある。

こうした二種類の形の美に対応して、〈平安 peace〉が見出される。第一の「小さな形の美」と対応するのは、いまだ悲劇（tragedy）を知らない〈青春〉の花冠としての〈平安〉である[14]。それは、現実的実質が主体化過程において、「それ自身の業務に直接没頭している」（Whitehead, 1967, p.287, 三九六頁）状態である。しかし、〈平安〉は「悲劇を理解することであり、同時にそれを保持することである」（Whitehead, 1967, p.269, 三九五頁）がゆえに、〈青春〉の花冠としての〈平安〉だけでは不十分である。第二の「大きな形の美」と対応するのは、〈悲劇〉の結果としての〈平安〉である。それは偉大な〈調和〉であり、「背景の統一性において結合された、もろもろの存続する個体の調和である」（Whitehead, 1967, p.281, 三八八頁）。ここに、artの完成が目指す〈真的美〉という価値の実現がある[15]。

以上を踏まえて、Whiteheadの立場から「受容可能性」の条件を検討しよう。それは、〈真的美〉の実現の程

度であると言えよう。受容可能性とは、「生命の art」を通じた〈真的美〉の実行可能性の程度に依存しており、それはまず、諸々の現実的実質の「小さな形の美」である〈青春〉の花冠としての〈平安〉の実行可能性に、可能ならば「大きな形の美」である〈悲劇〉の結果としての〈平安〉・〈諸調和の調和〉の実行可能性に、依存するのではないか。

ここで、本章の課題である「安全・安心」の確保問題と関連づけて、試論を述べてみたい。日本語の「安心」の語感を一語で表現するような外国語は見当たらないと言われることがある。あえて英語で表現すれば、それは"peace of mind"（こころの平安）ではないか、という話を聞いたことがある。そのことを踏まえ、ここまでの受容可能性の議論と関連づけて、改めて安全・安心について考えておきたい。

現実的実質は、その生命形態が高度化するにしたがって、「生命の art」の衝動が強くなる。art は、現実的実質の与件への単なる順応という〈真理〉を超えた〈真的美〉の実現を目的とするが、art には未来の「安全」を無視して、現在の利得を追求する傾向がある。「安全」は未来と、つまり客体化過程（存在のリアリティ）と関連しており、したがって科学（三人称の科学）との親和性が高い。翻って「安心」は現在と、つまり主体化過程（生成のアクチュアリティ）と関連しており、したがって二人称の科学との親和性が高いと言えようか。こうした理解は、安全が「科学の方法で数量的に評価できる世界」「定量的な方法で表現することができる」のに対して、不安／安心は「定量的な扱いから大きくはみ出る世界」「数量化することが困難である」と捉え、その主観性を強調する議論とも馴染む（村上、二〇〇五年、三四-三七頁）。だからこそ、「生きている経験」のどちらの過程を強調するかで、安全（知的）と安心（情的）の乖離という事態も生じうる。

しかし、現実的実質は主-客統合体として、合生と移行の両面性を備えており、art の行使を通じて〈真的美〉の達成を目指すプロセスであることを考えれば、そもそも「安全／安心」を二分法的・二項対立的に捉えることは意味を成さないと言えよう。むしろ、受容可能性〈納得性〉の議論としては、〈真的美〉という価値をどの程度達成できるかに応じて、①目的の実行可能性の余地を見出せない、②特定の実在・真理と目的論的に適応する「小さな形の美」である〈青春〉の花冠としての〈平安〉の実行可能性を見出せる、③諸々の実在・真理と目的論的に適応する「大きな形の美」である〈悲劇〉の結果としての〈平安〉の実行可能性を見出せる、という偉大な〈調和〉の達成の程度が問題となるのではないか。悲劇の本質が「ものごとの仮借なき働きの厳粛さ」〈Whitehead, 1967, p.11, 一四頁〉にあることを思えば、〈悲劇〉の結果としての〈平安〉には「諦念」も含まれてくるであろう[16]。それは、諸々の現実的実質の個別的な人格性の乗り越えを伴う。それは、〈平安〉の「最も広い意味、つまり『自我』が消え失せ、興味が人格性よりも広いさまざまに整序されたものへと転移させられているような広さにおける、自己統制である」〈Whitehead, 1967, p.285, 三九四頁〉。

偉大な〈調和〉である「諸調和の調和」としての〈平安〉は、悲劇を理解し保持した「大きな形の美」の実現を意味する。art による〈真的美〉の実行可能性を条件として、偉大な〈調和〉の達成の程度に応じて、一人ひとりの、そしてさらにはわれわれの生きた歴史的世界との関わりに関する「意味的」説明が受容可能性〈納得性〉を確保する。

では、われわれ人間有機体が生きるこの専門化社会としての現代社会において、art による〈真的美〉の実行可能性を条件として、どのように受容可能性〈納得性〉の確保を目指すことになるのであろうか。以下では、協働過程において「受容可能性」の重要性を、コミュニケーションとの関連で最初に論じた C.I. Barnard の理論を手掛かりに、検討する。

第三節　「専門家と生活者の協働」構築のために—Barnard 理論を手掛かりとして—

一、「生きている」経験としての協働過程—科学と art の役割—

Whitehead の「有機体の哲学」を、人間有機体の「生きている」経験のレベルで具体的に展開しているのが、C.I. Barnard である。これまでの議論を、Barnard 理論と関連づけておこう。

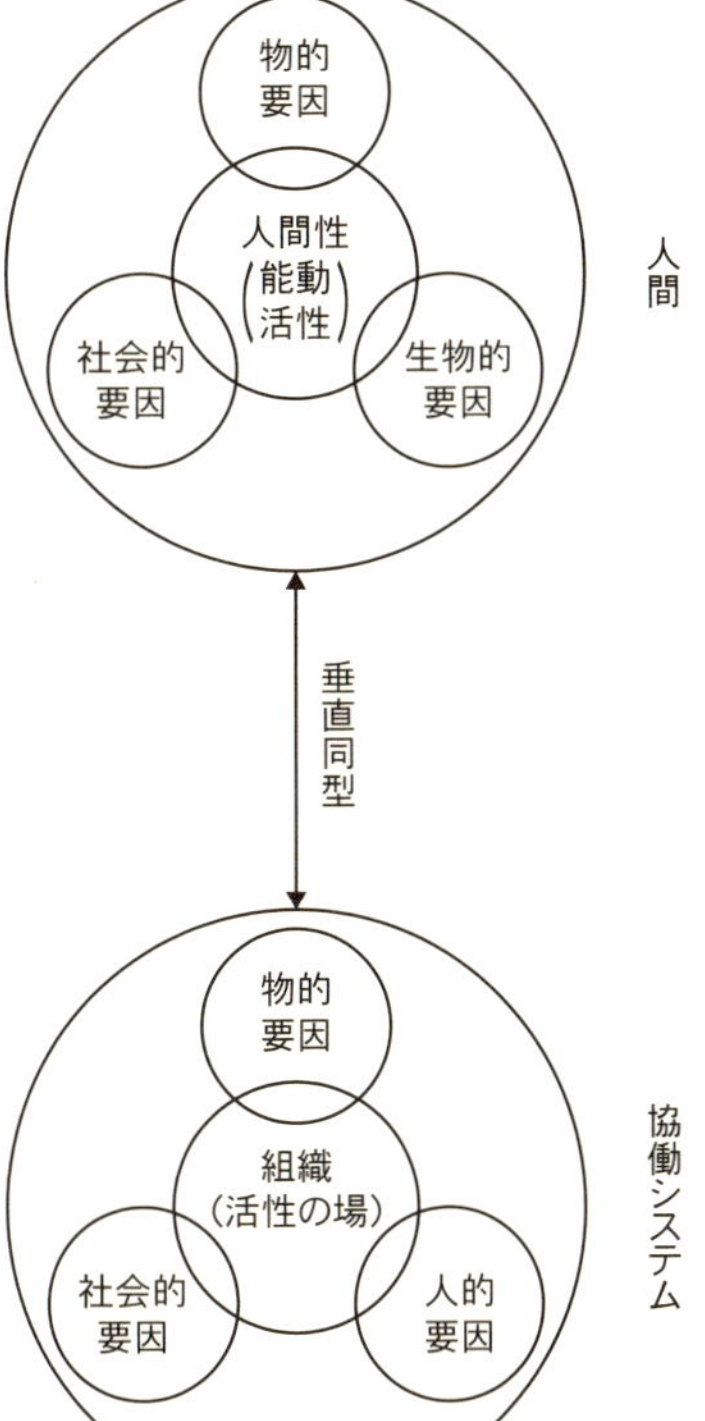

図 2−1
（出所）　村田晴夫（1984）54 頁。

Barnard は、この社会的世界における現実的実質として、「個人」と「協働システム」という「起動力 powers」を措定する。これら起動力は、「いま・ここ」で、世界に渦巻く物的・生物的、人的および社会的諸力・諸要因によって過去的・因果的に制約されながらも、却ってそれらを積極的要因に転化して、当該主体固有の目的を設定し、その実現を目指して諸力を未来的・目的論的に統合しつつある過程である（図2-1）。協働システムとは、二人以上の人々が集まって状況の拘束性を超え出んとするときに、何らかの共通目的の実行可能性を追求して一緒に働く際に成立する。協働システムは、諸力によって過去的・因果的に制約されつつも、そうした諸力には還元できない、当該システム固有の組織要因が創発されることで却って諸要因を抱握し統合する主体的要因として、自らの目的の実行可能性を追求して、諸力・諸要因を未来的・目的論的に統合しつつある過程である[17]。

Barnard に拠れば、この社会的世界に渦巻く諸力は、「継続して相互に作用し合い、しばしば相互に対立し、あるいは対抗するゆえに、これらの基本的で対抗的な諸力と起動力を利用し、方向づけ、バランスをはかり、調和させることが人間に課された免れ得ない仕事となる」（Barnard, 1986, p.30, 四二頁）。諸力の（再）調整という要請に応えるものこそが、Barnard によって指摘された起動力である。

諸力を相互に補完・強化し合うように（再）調整することを、Barnard は「人間の art」（＝諸力の組織化という主体的行為）と呼ぶ。Barnard も Whitehead と同様に、科学と art を対比しながら、以下のように論じる。「科学の機能は、過去の現象、出来事、情況を説明することである。科学の目的は、特定の出来事、結果、あるいは情況を作り出すことではなくて、われわれが知識と呼ぶ説明を生み出すことである」（Barnard 1968, pp.290-291, 三〇四頁）。むしろ未来に向かって目的論的に「具体的な目的を達成し、成果を上げ、情況を生み出すのは art の機能であり、…中略…具体的な問題とか、将来と取り組む人々はこれらの art を会得し、応用しなければならない」（Barnard, 1968, p.290, 三〇四頁）。科学は、過去の現象、出来事、情況を説明するが、当該主体はその蓋然性・確率を勘案しながら、未来を予期し目的の実現を目指し art を振るう。

したがって、未来に向かって目的論的に諸力を統合していこうとする当該主体にとって、科学的説明は必ずしもその原動力にならないことがある。特に、これまでと事情が著しく異なる場合—東日本大震災や福島原発事故が該当するだろう—には、である。しかも科学的言説は統計的蓋然性を持って「説明」するわけだが、そのことは客観的には「発生確率○○%である」と表現できようが、当該主体にとっては「発生するか一〇〇%／しないか〇%」という「私と世界との関わり方」の「意味」が問題となる。

抱握の主体としての個人や協働システムには、抱握される所与としての諸力、その所与をどのように抱握するかを規定する主体的形式としての道徳準則（個人準則・組織準則）があり、そこに当該主体固有の目的の設定も契機となって、諸力の組織化のパタンを違えながら、〈真的美〉の実現が目指される。協働システムにおいて〈真的美〉を追究する過程は、〈artとしてのマネジメント〉を行使して、物的、生物的、人的および社会的諸力（諸状況）との調和の内に、当該組織固有の共通目的の実行可能性が追求される過程である。

以上で、Barnard理論がWhitehead「有機体の哲学」を人間有機体の経験レベルで理論構築していることを概観した。その上で、Barnard理論において受容可能性がどのように議論されているかを、以下において見ていく。

二、Barnard理論に見る「受容可能性」の条件—コミュニケーションを中心に—

Barnard理論が、経営学史上で「Barnard革命」と称されるほどの革新性を有している点は様々あるが、その中には彼の「受容説 acceptance theory」と呼ばれるオーソリティ理論も含まれる。これは、組織要因（公式組織）が成立するための必要十分条件のひとつである、コミュニケーションとの関連で出てくる。

Barnardは、オーソリティをふたつの側面から捉えている。[18] それは、送り手が発する伝達（コミュニケーション）を権威あるものとして受け手が受容することを意味する「主観的権威」（権威）の側面と、受容される伝達そのものの性格を示す「客観的権威」（権限）の側面とである。[19] 重要なことは、あくまでも、ひとつの伝達が権威をもつか否かの意思決定は受け手側にあり、送り手側にあるのではないということである（Barnard, 1968, p.163, 一七一頁）。これが、受容説と呼ばれる理由である。

Barnard は伝達が受容される（主観的権威の確立）ための四条件として、①伝達を理解でき、また実際に理解すること、②意思決定にあたり、伝達が組織目的と矛盾しないと信ずること、③意思決定にあたり、伝達が自己の個人的利害全体と両立しうると信ずること、④その人は精神的にも肉体的にも伝達に従いうること、を挙げる（Barnard, 1968, p.165, 一七三頁）。さらに、この権威が維持され永続的な協働を確保するには、①上記受容の四条件を満たすこと、②「無関心圏 zone of indifference」、③非公式組織の機能、が必要であると言う。

無関心圏とは、その圏内で伝達が発せられる限り、その伝達は受け手によって権威の有無が意識的に反問されることなく受容される範囲を意味する。この無関心圏の強度を規定するのが協働意思の強度（誘因と貢献のバランス）や非公式組織の機能であり、その非公式組織の根底に「コモン・センス common sense」がある、と Barnard は言う。Barnard は、「非公式に成立した共同体の『コモン・センス』は、人々の態度に影響を与え、彼らに、無関心圏あるいはそれに近いところにある権威を個人として問題にすることを忌避させる。この『コモン・センス』を形式的に述べたものが、権威は上から下へ下降し、一般的なものから特殊的なものにいたるという仮構（fiction）である」（Barnard, 1968, pp.169-170, 一七八頁）と言う。このコモン・センスが、協働システムにおいて諸力を抱握（受容）する主体的形式の基盤（主観的権威）を成し、その上に「客観的権威」（権限）という仮構が成立する。[20]

このコモン・センス（共通感覚／常識）には、野家が物語りの作用として語った〈現実組織化作用〉と〈現実制約作用〉とがあり、諸力の抱握の主体的形式（共通感覚）の固定化・惰性化されたものが「客観的権威」という仮構（常識）である（藤沼、二〇一五年、第七章参照）。

Barnard 理論において「受容可能性」は、〈真的美〉の実現を目指して〈art としてのマネジメント〉を行使する際、まず受容の四条件を満たしうるか否か、そして、その維持は無関心圏や非公式組織に依存する。客観的権威の動揺とは、その基盤を成す主観的権威の形成・維持に関連する上述の諸条件を充たし得ない場合に、経験される。受容の四条件を満たし得ず、諸々の現実的実質（協働システムおよび個人）における目的の実行可能性の余地を見出せず、これまで「常識 common sense」として「無関心圏」内にあったことが反問されるようになる。こうした事態を、われわれは福島原発事故を通じて経験している。

三、専門化社会におけるコミュニケーション不全

以上の議論を踏まえて、専門化社会における協働過程の特徴を概観しておこう。

専門・分化が進む現代社会においては、大規模協働システムの内部で、個々人の活動の多くが為されるようになる。そうなると、人々の主要関心事の焦点が、特定の協働システム内部での特定公式組織やそれに付随する第二次非公式組織に向けられる（Barnard, 1948, p.149, 一四八頁）。その結果、当該組織固有の常識（組織準則）が、人々の諸活動を大いに規定するようになってくる。こうした中、改めて多種多様な専門家集団や背景を異にする生活者が協働するとは、どういう事態であろうか。

「専門家と生活者の協働」が成立するには、共通目的、コミュニケーション、貢献意欲（協働意思）の確保が必要となる。そのなかでも特に、福島原発事故の事例を通して浮かび上がってきたことは、各種専門家間の、そして彼（女）らと生活者との間のコミュニケーション確保の重要さと困難さである。[21] 各種専門家の科学的言説に基づく説明は、もっぱら「三人称の科学」の観点からの理解可能性に基礎を置いた「妥当な説明」に留まり、「二人称の科学」の観点からは、「私と世界とがどのように関わっているのかあるいは関わっていけばよいか」と

いう「意味的」説明になっていないために、受容可能性（納得性）の確保を難しくしている。

Barnard は、科学的言説が社会的要因からの免れえぬ影響を受けるものであることを指摘する。「科学的知識は、すべて言葉とか記号体系によって表現される。言葉や記号は、社会的に決定される意味をもって社会的に展開される。すなわち、現象についての『終局的に』受け入れられる表現はすべて協働的に到達したものなのである。広義におけるすべての科学は、社会的要因とともに、取り扱う主題に応じてさまざまの他の諸要因を含んでいる」（Barnard, 1968, p.287, 三〇〇頁）。つまり、取り扱う対象は違えども、すべての科学的営為は協働過程にある。その程度は、「第三次科学（技術）革命[22]」（科学の体制化）を経て、ますます顕著になってきている。

従来、協働過程としての科学的営為は、その共通目的は「真理の探究」とされ、それ自体およびその諸結果が組織貢献者の貢献意欲の喚起にもつながった。ただし、ここでいう組織貢献者とは、もっぱら、特定領域・研究対象を共有する専門家集団内―学会であったり業界団体であったり―に限定される。専門家集団内での継続的な（公式的および非公式的）コミュニケーションは、特有のコモン・センスを醸成し、そこでの事情に通じていなければ容易には理解することができない専門用語や記号が精緻化されていき、当該組織固有の常識（組織準則）が形成されていく。この組織準則が当該組織の抱握の主体的形式となり、科学的／非科学的の基準や手続きの妥当性、注目すべき変数の同定等々を規定するようになる（藤垣、二〇〇三年や藤沼、二〇一六年を参照）。

しかし福島原発事故以後露わになったことは、そうした専門家集団内で蓄積・精緻化されてきた科学的言説が、その特定領域・特定の観点からの焦点化（抽象化）においては一定の「妥当な説明」（真的）であるとしても、他の領域・他の観点からの焦点化に基づく一定の「妥当な説明」との間で不整合が生じうる、ということである。しかもそういった科学的言説は、世界の出来事に巻き込まれているわれわれ生活者の一人ひとりが、「私は世界とどのように関わればよいか」という問いに関しての、受容可能性（納得性）の高い適応的な「意味的」

説明を必ずしも提供できなかった。それは、特定の科学的言説（真理）と結びついた「小さな形の美」の段階での〈青春〉の花冠としての〈平安〉の実現すら覚束ないものであった。ここに、専門化社会が抱えるコミュニケーション確保の困難さがある。

おわりに

人間協働は、「対立する事実の具体的な統合物」である（Barnard, 1968, p.21, 二二頁）。「専門家と生活者の協働」確保には、諸々の科学（各々独自の小さな、抽象的諸観念の図式を擁する専門家の科学的言説）を協働過程に見出される具体的事実（諸々の生活者の主体化過程のアクチュアリティ）と突き合わせながら、より受容可能性の高い思考の構図（主体的形式）を創造することが求められる。こうした創造性を、経営（学）は目指してきた。その典型が、本章で関説したBarnard理論であり、第五章で言及されるM.P.Follettの建設的コンフリクト論である。既述のBarnard理論と「安全神話」を関連づければ、福島原発事故以前には一定の効力を発揮していた「安全神話」が、事故の前後を通じて主観的権威という基盤を失い、まさにその仮構性を露わにし、従前の諸調和の調和としての「大きな形の美」（＝安全神話）の動揺をもたらしたと言えよう。いま求められていることは、新たな「大きな形の美」を可能とするようなより受容可能性の高い思考の構図（主体的形式）の創造、である。そのためには、新たな「大きな形の美」を背景としながら、その前景において諸々の「小さな形の美」が調和するような〈真的美〉という価値を実現させる〈artとしてのマネジメント〉が必要である。それは、「私（たち）と世界との関わり方」を示す「新たな道徳性（主体的形式）の創造」を核心とする。

「協働の学としての経営学」の観点からは、①共通目的、②コミュニケーション、③協働意思、の確保が重要となる。新たに「専門家と生活者の協働」構築を目指すとなれば、その方途を探る必要がある。それがひいては、専門化社会において噴出する「安全・安心」に関わる諸課題への経営学の貢献につながる。本章はその予備的考察として、専門化社会におけるコミュニケーションに顕著に見られる受容可能性（納得性）の問題の所在を探るものであった。

（補遺）本章は経営哲学学会（二〇一四年）『経営哲学』第一一巻一号所収（一四八―一五一頁）「安全・安心への物語り論からの接近」を大幅に改稿したものである。経営哲学学会機関誌編集委員会に謝意を表したい。

注

（1）およそ「不安」というものが、特定の具体的な対象をもつ「恐怖」に対して、特定の対象をもたず、自由の可能性を前にした「自由のめまい」であると言われることがある。科学・技術の進展や拡大・精緻化の進んだ人間協働を介して、われわれの生活はその自由度を大いに高めてきている。自由度の高まり・増大はその裏側でリスクの拡大を伴うものでもある。「リスク社会」とも言われる現代社会における不安・安心・安全の問題を、基本的なところから問うことは、重要である。

（2）大森は「世界観」を次のように捉える。「学問的認識を含んでの全生活的なものであり、自然をどう見るかにとどまらず、人間生活をどう見るか、そしてどう生活し行動するかを含んでワンセットになっているものである。そこには宗教、道徳、政治、商売、性、教育、司法、儀式、習俗、スポーツ、と人間生活のあらゆる面が含まれている」と（大森、一九九四年a、一三頁）。

（3）「まず何らかの形で原子が存在してそれを言語で表現する、という通常の考えを捨てねばならない。事は正反対であって、日常言語描写に重ね描かれる新しい一つの語り方、一つの新しい言語、すなわち自然科学の言語が開発案出される、そしてその開発の中で原子の存在の意味が新たに開発されたのである。語られるということによって対象性が発生し、その対象性が存在に成長する、と考えたい。科学言語という新しい言語の語りの中で新しい存在意味が生み出されたと考えたいのである。科学言語の語りが原子存在の意味を創造制作したのである」（大森、一九九四年b、一四二頁）。

（4）ここで言う「整合的」とは、「通時的整合性と共時的整合性を軸にした広義の整合説に就くのである。あるいはそれを『保障された主張可能性』（デューイ）とも『合理的受容可能性』（パトナム）とも言い換えることができる」（野家、二〇〇五年、三二二頁）。

（5）こうした物語り論の観点からすれば、原子力に関わる「安全神話」の形成過程でどのような物語り行為が繰り返されたのか、そしてまた事故以来の各種利害関係者の物語り行為はどうなっているのかといった点を検討する言説分析には、重要な意味がある。

（6）「これらは理論のネットワークに支えられた『理論的存在』である」（野家、二〇一〇年、二一一頁）。

(7)「過去の存在は知覚ができない以上、その存在根拠は歴史理論を背景とする理論的存在に求めるほかない。その際に実験の役割を果たすのは史料であり、遺跡や発掘物等の物証である。…中略…過去の存在、過去の実在は一連の歴史叙述の文脈を理論的な背景にしなければ、単独では理解不可能な概念にほかならない」（野家、二〇一〇年、二二頁）。「文献や考古学的発掘等の歴史史料は、過去の出来事そのものではなく、過去の出来事が起こったことの痕跡ないしは証拠であり、それ自体が解釈を必要としている」（野家、二〇一〇年、二三頁）。

(8) 本章脚注4も参照。「ある言明、あるいは言明の体系全体―理論ないし概念図式―を合理的に受容可能とするのは、主にその整合性 coherence と適合性 fit である。すなわち、『理論的』あるいはさほど経験的でない信念相互の整合性、そうした信念ともっと経験的な信念との整合性、さらには経験的な信念と理論的な信念との整合性である」（Putnam, 一九九四年、八六頁、訳書では"coherence"に「斉合性」を当てているが、野家の訳語「整合性」に合わせた）。

(9)「ホワイトヘッドは、いくつかの事物を統合して統一体にするところの、統合の活性を抱握（prehension）という用語で呼ぶ」（村田、一九八四年、一八一頁）。「抱握は、つねに、(a)抱握する主体、(b)抱握される所与、(c)その主体がその所与をいかに抱握するかという『主体的形式』の三つの要因から成る」（村田、一九八四年、一八一頁）。

(10)「哲学は、それぞれの独自の小さな、抽象的諸観念図式を擁して、それを完成し改善しようと努めている、もろもろの科学と同類のものではない。それはもろもろの科学を総覧するものであり、科学を調和させ完全にするという特殊の目的を有する。それはこの任務に対して、個々の科学の提出する証拠のみではなく、具体的経験に訴える哲学自身の行き方をも援用する。それはもろもろの科学を具体的事実と対決させる」（Whitehead, 1967, p.87, 一二〇–一二一頁）。

(11) Whiteheadは「artは、現象の実在に対する目的論的適応（purposeful adaptation）である。…中略…artの完成は、真的美というただひとつの目的のみを有する」（Whitehead, 1967, p.267, 三六八頁）と述べる。ここで、「実在」とは現実的実質に直接与えられた客観的所与としての世界であり、「現象」とは現実的実質が過去的・因果的に限定されつつも、未来的・目的論的に自らを作っていくあり方である（山本、一九九五年、一七七–一七八頁）。

(12)「〈真理〉とは、〈現象〉の〈実在〉への順応（conformation）である」（Whitehead, 1967, p.241, 三三一頁）。真理とは、実在と現象（あるいは存在と認識）との一致を問題にするが、「〈実在〉は過去において機能し、〈現象〉は現在において知覚される」（Whitehead, 1967, p.247, 三四〇頁）がゆえに、差異が生じてくる。「〈美〉を度外視すれば、〈真理〉は、善でも、悪でもない」（Whitehead, 1967, p.267, 三六八頁）のであり、「〈美〉の究境のため求められる〈真理〉は、〈現象〉が〈実在〉の深みから、感じの新しい資源を呼び出す真理-関係である」（Whitehead, 1967, pp.266-267, 三六七頁）。

(13) この点に関して、二〇一四年二月二三日に開催された現代経営哲学研究会での村田晴夫教授の報告「企業文明と主体性の諸問題」に多くの示唆を受けた。本章は、筆者なりの展開の一端である。

(14)「悲劇の本質は、決して不幸 unhappiness にあるのではない。ものごとの仮借なき働きの厳粛さ the solemnity of the remorseless working of things にある。この運命の不可避性 inevitableness of destiny を人生のかたちで例証しようと思えば、事実上不幸を含んでいる事件をとり出すほかはない」（Whitehead, 1967, p.11, 一四頁）。

(15) こうしてWhiteheadは、文明の一般的定義として、「文明化された社会は、〈真理〉、〈美〉、〈冒険〉、〈芸術art〉、〈平安〉の五つの性質を示している」（Whitehead, 1967, p.274, 三七八頁）と述べる。

(16) そのことを小林傳司は「『納得のいく』災厄」（小林、二〇〇七年、二八一頁）と表現している。

(17) ここで組織要因とは、厳密には「公式組織formal organization」である。公式組織は「二人以上の人々の意識的に調整された活動や諸力のシステム」と定義され、その成立のための必要十分条件は、①共通目的、②コミュニケーション、③貢献意欲（協働意思）、が確保されることである。

(18) Barnardは“authority”を次のように定義する。「オーソリティとは、公式組織におけるコミュニケーション（命令）の性格であって、それによって、組織の貢献者（contributor）ないし『構成員member』が、コミュニケーションを、自己の貢献する行為を支配するものとして、すなわち、組織に関してその人がなすこと、なすべからざることを支配し、あるいは決定するものとして、受容するのである」（Barnard, 1968, p.163, 一七〇頁）。

(19) 以後本章では「オーソリティ」を、飯野春樹に倣い「権威」と「権限」とに区別した上で、適宜使い分ける。ここで権限とは特定協働システム内部における法律的・制度的な権力ないし権利を意味し、権威とは権限が現実に受容されている状態を意味するものとして、それぞれ取り扱う（飯野、一九七八年、一九〇頁脚注1）。

(20) ここに、「安全神話」を下支えしてきた受け手の主観的権威や無関心圏、非公式組織の機能という構図が浮かび上がってくる。ある言説が客観的権威を有するようになる／失っていく過程の問題は、直接的には、第三章（野中）、第四章（木全）、そして第五章（石井）と関連する。筆者自身の考察は、別の機会に譲る。また、協働に参加する個人は、こうした特定の協働過程を通じて形成されてくるコモン・センスを部分的に参照しながら、当該個人固有の主体的形式（個人準則）を生成しつつある。

(21) そうは言っても、原子力政策の是非を含め、日本の今後のエネルギー政策のあり様―さらには今後の日本のあり様―をめぐっての社会的合意形成を目指すという共通目的自体が確保されているか怪しい。共通目的の設定と表裏の関係にある貢献意欲の確保も、したがって時間の経過とともに、あいまいにあるいは有耶無耶になってきていると言えまいか。

(22) それは、マンハッタン計画を原型とし、戦後、政府が科学研究に対して資金援助を行う形で、課題解決のために多数の科学者・技術者が協働するプロジェクト達成型の共同研究を典型とする。この過程で科学と技術の融合、すなわち「科学技術」が具体的に姿を現してくる。第三次科学（技術）革命以前に、一六世紀後半から一七世紀にかけての「第一次科学革命」（=科学の知的制度化）、そして一九世紀の「第二次科学革命」（=科学の制度化）がある。（野家、二〇〇四年を参照）

第三章　原子力「安全神話」をめぐる考察

野中洋一

はじめに

二〇一一年三月一一日一四時二六分、東北地方太平洋沖地震（M９）に伴う強い揺れと巨大津波が福島県双葉郡大熊町と双葉町に位置する東京電力福島第一原子力発電所（1～6号機）を襲った。この地震と、その後発生した大津波により、全ての電源が喪失し原子炉等を冷却する機能が損なわれてしまった。

この結果、1、2、3号機は炉心溶融（メルトダウン）に至った。そして1、3、4四号機は水素爆発により建屋等が崩壊、大量の放射性物質が放出された。発電所から半径二〇キロメートル圏内の地域は、警戒区域として原則立入りが禁止され、半径二〇キロメートル圏外の一部の地域も、計画的避難区域に設定されることとなった。

東京電力福島第一原子力発電所事故（以下「福島原発事故」という。）によって、原子力「安全神話」は崩壊した。だが、単にそれだけではなかった。これまで多くの人々が信じて疑ってこなかった科学技術に対しても、不信や疑念をもたらすこととなった。

野家は次のように述べている。福島原発事故によって「これまでわれわれが自明のものとして安住してきたいくつかの「神話」を崩壊させるにいたった。具体的には、科学技術に関する「価値中立神話」、「安全神話」および「信頼神話」などが砂上の楼閣にすぎなかったことが、白日のもとに晒されたのである」(野家、二〇一五年、二五四頁)。

さらには、専門家への不信、社会システムの脆弱性、原子力政策への疑義、企業行動のあり方への疑問など、現代文明を支えてきた暗黙の了解に対しても、信頼を失墜させる事態をもたらした。

本章では、福島原発事故によって崩壊したとされる原子力「安全神話」について、多くの学識者、批評家らが取り上げている側面だけではなく、上述した事態をも含む多様な視座から考察することを目的としている。

原子力「安全神話」を主たるテーマとした先行文献としては、福島原発事故独立検証委員会　調査・検証報告書(以下「民間事故調」という)があげられる。これ以外に、「安全神話」を包括的に論じている文献をみることは少ない。

ただし、「安全神話」を、次のような意味合いで用いている文献は数多くある。即ち、原子力発電所では炉心溶融を起こし放射能を拡散させるといった原子力事故は絶対に起こり得ないと言われてきたが、福島原発事故によって、それは見事に崩れ去ってしまったという、これまでの「安全神話」に対する批判的意味合いを込めた記述である。野家(二〇一五年)、荒井(二〇一一年)、吉岡(二〇一一年)、中野(二〇一一年)などである。

本章の構成は、次の通りである。第一節は、原子力「安全神話」の形成過程、成立背景や神話の復活について述べる。第二節は、原子力「安全神話」とリスク社会について考える。トランス・サイエンス、社会学からみた「安全神話」及び安全・リスク・安心・危険などの関係性に言及する。そして、第三節では、タイトルを原子力「安全神話」の行方とし、米国型安全思想である確率論の定着化状況とその日本社会への適用性などに焦点をあてる。

第一節　原子力「安全神話」とは

本節では、福島原発事故を踏まえ、原子力特有の安全、事故とはどのようなものかを明らかにしたうえで、福島原発事故に関わる調査報告などに基づき、原子力「安全神話」は如何にして形成されたか。さらには、神話の原義を紐解きながら、「安全神話」がもつ意味とそれが形成されてきた背景、とりわけ「国策民営」システムとの関係性について考察する。併せて、活断層をめぐる原子力規制委員会と原子力事業者間の評価論争、低線量放射線の人体に関する影響をめぐる専門家同士の論争等に基づき、再び逆の立場からの「安全神話」が台頭してきていることを指摘する。

一、「安全神話」の形成過程

原子力発電所では、膨大な設備の存在自体が起因となり人が危害を蒙る事故がみられる。具体例としては高所設備から落下する、動的な設備に挟まれる、重量設備との追突により打撲するなど、自己の不注意なども介在した設備起因事故である。

さらには、設備の不具合などが人に危害を及ぼす事故もある。例えば、配管破断により高熱蒸気がもたらした火傷事故、吊り具の破損等による物の落下事故、足場養生の整備不良による人の転落事故などである。

因みに、これらの設備起因事故により危害を蒙る対象となるのは主として発電所構内に働く電力会社や協力会社の従業員であり、原子力発電の運転、点検、保守作業等に携わる人たちである。

ここで取扱う安全とは、このような事故に関わるものではない。原子力発電所からの放射能を起因とする事故である。発電所構内で運転、点検、保守等の作業員が誤って被ばくするという放射能事故もあるが、福島原発事故のように広範囲にかつ不特定多数の人たちに放射能の影響を及ぼした事故を考察対象とする。

何故なら、社会経済、国民生活などに極めて広範かつ深刻な影響を及ぼすからである。ここに石油、石炭、LNGを燃料とする他の発電プラントとは違った原子力発電固有の安全論議がある。

本章における原子力発電に関わる安全とは、原子力発電所のシビアアクシデント（過酷事故）によって、放射能が格納容器内から放出、拡散し、広い地域に影響を及ぼすといった事態に対するものに限定する。

先ずは、原子力「安全神話」をめぐる関係者間のもたれ合いの構造を、「民間事故調」報告書に基づき明らかにする。「民間事故調」では、第8章「安全規制のガバナンス」、第9章「『安全神話』の社会的背景」において、「安全神話」を生み出した要因として次の事例を上げ、論述を行っている。その要旨は以下のとおりである。

(1) 行政システムの多元化がもたらす原子力の安全規制に関する責任の曖昧さ。かつて、通産省が商業用原子力発電所の設置に関わり、原子炉の運転や検査などは科学技術庁が担当。

(2) 立地にあたり、原発は安全であるということを立地自治体が要求。その結果、原子力委員会、電力会社も同じように主張せざるを得なくなった。住民もそう思い込まざるを得なくなった。

(3) 原子力損害賠償法にみられる国策民営の曖昧さがもたらす双方の認識の甘さ。国は、原発は安全であり保険で十分対応できる。事業者は、仮に事故が起こった場合、国が賠償援助するという認識。

(4) 反原発運動の激化による「安全神話」の増長。立地点には交付金が入ってくるようになったため、反対派との議論において、交付金のためには「事故はないのだ」というマインドが形成。

(5) (1)でいう通産省と科学技術庁の多元的推進体制に加え、審査体制も多元化しさらに複雑化。原子力委員会から原子力安全委員会を分離し、安全規制に責任を持つ専門組織を設置。

(6) 原発の安全性に疑念をもつ世論に対する警戒感。わずかなトラブルでも表に出ると原発の安全性に対する信頼、ないしは「安全神話」に傷がつくという恐れ。

上述した事例は、安全規制二元体制がもたらす責任所在の曖昧さ、自治体と住民との安易な妥協、反対派と推進派の対立構造、世論に対する警戒感などが「安全神話」を生み出し形成してきたということを示唆している。つまり、それぞれによるもたれ合いの構造が「安全神話」を醸成してきたとも言える。

また、同報告書第9章では「安全神話」が形成された社会的背景についても、「原子力ムラ」という集団に関する歴史的分析を経て次のように指摘している。

「原子力ムラ」については、大きく二つの含意がある。一つは原子力行政、原子力産業における推進体制としての「原子力ムラ」、もう一つは、原子力発電所やその関連施設の立地自治体、すなわち原子力ムラとしての「原子力ムラ」である。この二者は原発を「置く側／置きたい側」、「置かれる側／置かれたい側」である。この中央と地方の二つの「原子力ムラ」がそれぞれの中で独自の「安全神話」を形成、醸成してきた。三つ目として「原子力ムラの外部」に一般国民がいる。「原子力ムラ」だけではなく、それを取り巻く外部の無知・無関心という姿勢も「安全神話」の形成を促す土壌となった。

一方、開沼は「原子力ムラ」を三つではなく、二つに分けて次のように論じている。『原子力ムラ』とは地方の側にある原発及び関連施設を抱える地域を指し、一方で中央の側にある閉鎖的・保守的な原子力行政のことも指す。後者の原子力ムラは原子力行政や研究者によって俗語として用いられてきた。本書では前者を『原子力ムラ』、後者を〈原子力ムラ〉と表記することとする」（開沼、二〇一一年、一三–一四頁）。開沼は、原子力のあり様を解明することで、「中央と地方」の問題に迫ろうとしている。

本章では、「原子力ムラ」を民間事故調のいう三つの含意があるものとして取り扱う。「原子力ムラ」の外部にいた無関心な一群、層という視点が必要だと考えている。開沼がいう中央と地方という二つの閉ざされた「原子力ムラ」だけでは、神話という物語を形成し得ないからである。

「原子力ムラ」に居住する人々、すなわち政府、地元自治体、原子力事業者、地元住人たちは、相互価値を共有しやすい環境下にある。したがって、ムラの中では正面から安全論議を戦わすことはなく、むしろ暗黙の了解や習わしなどによって集団としての結束が図られていく。この状態では、神話というより「原子力ムラ」の文化、風土と称して特殊化されてしまいがちになってしまう。

神話化するためには、「原子力ムラ」を取り巻く専門家、マスコミ、生活者たちという、当事者ではない原子力の実態に無知で無関心さに満ちた人々からの安全確保への欲求が加わることが必要である。それによって初めて、原子力「安全神話」という、絶対安全に物語化され易い土壌がつくられることになる。

二、「安全神話」の成立背景

原子力「安全神話」の形成過程などを見てきたが、そもそも原子力「安全神話」の神話とは、どのような意味合いを持っているのだろうか。神話が成立した背景には、一体何があったのだろうか。「安全神話」には「原子力ムラ」の住人たちに、もたれ合いの構造を形成させるほどの秘められた力があったのだろうか。先ずは「神話とは何か」という素朴な疑問に対する答えを探っていこう。

「神話とは何か」という問いかけに対し、大林（一九七四年）はイギリスの民俗学者Malinowskiの考え方を引用している。Malinowski（1948）は「神話の機能は伝統を強化し、それをたどると太初の事件のより高い、よりすぐれた、より超自然的な現実に立ち返ることによって、それにいっそう偉大な価値と威信を与えるものである。また神話はあらゆる文化の欠かせぬ要素であり、たえず新生される。神話は何よりも文化形成力である」[1]としている（以下、本章の傍点は筆者）。

また、吉田・松村は、神話とは「世界や人間や文化の起源を語り、そうすることによって今の世界のあり方を基礎づけ、人々には生き方のモデルを提供する神聖な物語」（吉田・松村、一九八七年、三頁）と定義づけている。神話は伝説や昔話とは違う。昔話は娯楽のために語られ、伝説はまじめな叙述をし、社会的な功名心を満足させるために語られる。これに反して神話は、単に真実なものとしてではなく、畏敬すべきもの神聖なものとして考えられ、重要な文化的な役割を果たす（大林、一九七四年）。

原子力には、神話という物語が不可欠だった。何故なら、他にはない特殊な性格を持っているからである。それは、「核」というものの存在である。「核」は巨大なエネルギーと放射能というものを内包している。それを人類が取り扱いコントロールすることに対する危うさがある。民間電気事業者が原子力発電を建設、運転するという危うさである。

この危うさを払しょくし、威信と価値を付与することにより、神話化を促す装置が必要であった。それは「国策民営」というシステムにあったのではないかと考えられる。なにも、「国策民営」という産業形態は原子力に限ったものではない。例えば、ガス、通信、鉄道などのいわゆる公益事業なども「国策民営」といっても、あながち的を外れてはいない。だが、上述した通り、原子力は他の産業にない「核」という特殊性を内包している。それ故に、特有の手厚い政策対応が、次のような事象として現れた。橘川（二〇一二年）に基づき以下に論述する。

第一に、立地の難しさに現れた。これを打開するための方策が電源三法[2]であった。原子力発電の立地を円滑に進めるためには、国による電源三法の枠組みが無くてはならなくなっていた。電源三法とは電気料金に含まれた電源開発促進税を政府が民間電力会社から徴収し、それを財源にした交付金を原発立地に協力する地方自治体に支給するという金銭的循環システムである。国家が市場に介入し原発立地を確保する方法といっても過言ではない。別の見方をすると、民間電力会社が自分たちの力だけでは、原子力発電所を立地することが困難であることを意味していたとも言える。

第二に、原子燃料リサイクルに関わる問題に現れた。我が国は使用済核燃料を再処理し、それにより得られたプルトニウムや回収ウランを再利用することを基本としている。とりわけ、再処理によって抽出されるプルトニウムは、核爆弾に転用することが容易な物質であることから、核不拡散政策に基づき厳格な管理を国際的に強いられる。つまり、核は、エネルギー政策の枠外にある軍事的側面を有しているのである。このため、国が民間電気事業者のプルトニウム保管管理に介入せざるを得ないこととなる。

第三は、３・11福島原発事故で現れた事象である。それは、シビアアクシデントに対する国家の危機管理の在り方という問題であった。福島原発事故の収束にあたっては、自衛隊、消防、警察といった国家権力に加え、米軍までもが出動せざるを得なかった。民間電気事業者の手中にない領域であったといえる。

いずれもが、巨大なエネルギーと放射能というものを内包している「核」の特殊性がそうさせているのである。民間電気事業者だけに任し得ない核のもつ危うさが、「国策民営」といった装置によって中和され、「安全神話」の形成を促していったと考えられる。

因みに、「国策民営」の具体的装置とは、上述した電源三法による税制上の金銭的システムの他に、原子力委員会による「原子力政策大綱」の策定（原子燃料リサイクルの推進含む）などの政策誘導システム、さらには、原子力事故時の国家と事業者の賠償責任を定めた「原子力損害の賠償に関する法律」といった救済システムなどがある。

こうして原子力「安全神話」は、国の権威に支えられ、威信、威厳、畏敬といった神話的要素を備えていった。「原子力ムラ」の住人たちは、「国策民営」という装置を活用し、それぞれが求める利害について、うまく折り合いをつけるために、あるいはムラの外の無関心層からの安全要求に応えるため、炉心溶融を起こし放射能を拡散させるといったシビアアクシデントは絶対に起こり得ないという「安全神話」をつくりあげていった。

神話という言葉の響きによって、多くの人々が絶対安全を無防備に信じ込んでしまうといったことは、ありそうな話ではあるが、それだけで原子力「安全神話」が蔓延し浸透していったわけではなく、やはり、現実の世界の中においては、神話を受け入れるだけの魅力的な価値あるいは具体的利害が必要であったと考える。それが、「国策民営」というシステムだったのではないか。

三、「安全神話」の甦り

福島原発事故によって、崩壊した原子力「安全神話」が甦りつつある。抽象的な言い方ではあるが、「原子力ムラ」の住人などによって形成された「安全神話」は、それに相対するムラの住人によって、ゼロリスクの証明という形で、再び、現実とはかけ離れた「安全神話」が形成されつつある。以下に、その典型的と思える事例を示す。最初に、原子力規制委員会が電気事業者に示した活断層（破砕帯）評価の内容をとりあげる。

福島原発事故を契機に、新たに独立性の高い三条委員会として原子力規制委員会が設置された。同委員会の理念は、福島原発事故の教訓に学び、二度とこのような事故を起こさないために、そして、我が国の原子力規制組織に対する国内外の信頼回復を図り、国民の安全を最優先に、原子力の安全管理を立て直し、真の安全文化を確立するとしている（原子力規制委員会ホームページ）。

この原子力規制委員会が、福島原発事故によって崩壊した「安全神話」を再び甦らせている。それは、いくつかの原子力発電所に対する活断層（破砕帯）評価においてみることができる。ここでは、同委員会が最初に評価結果を出した日本原子力発電（株）の敦賀発電所の事例をとりあげてみよう。

原子力規制委員会「敦賀発電所敷地内破砕帯の調査に関する有識者会合」は、日本原子力発電（株）敦賀発電所の敷地内破砕帯の評価について、二〇一四年一二月一〇日のピアレビューにおいて、次のような結論（案）を出している。「K断層の連続性については、現状でD-1トレンチ及び原電道路ピットよりも南方へ連続している可能性があり、D-1破砕帯と一連の構造である可能性が否定できない」。

この結論は、K断層とD-1破砕帯とが一連の構造だと指摘しているが、この指摘は原子炉の直下に活断層が走っているということを意味している。そうだとすると、事業者は原子炉を移動するか廃炉をするかの選択に迫られることとなり、原子炉の移動は事実上不可能であるため、事業者は廃炉の選択を余儀なくされる。

注目すべきは、事業者にとって、死活問題の結論を「可能性が否定できない」という根拠に基づき結論を導いているという点である。つまり、この論議は可能性を否定しない限り対立論争に決着がつかないということを意味している。可能性を否定するには、可能性はない、すなわち絶対に一連のものではなく安全であるということを証明しなければならないという悪魔の証明に陥っていく。「安全神話」の再来である。福島原発事故で「安全神話」は崩れ去ったにもかかわらず、原子力規制委員会によって、再び「安全神話」が生み出されようとしている。

次に、低線量放射線が人体に与える影響をめぐる専門家同士の相反する論議をみてみよう。最初に、放射線医学を専攻する中川恵一（東大）の見解を紹介する。中川は、一〇〇ミリシーベルト以下だと発がんリスクはきわめて低い、その根拠のひとつとなっているのが、広島・長崎のデータである。より低い線量の被ばくになると、広島、長崎の被爆者を長年にわたって調査した結果をもってしても、発がんリスクが上昇したというデータはないと述べている（中川、二〇一二年）。

一方、原子力工学を専攻する小出祐章（京大）によると、どんなに低線量であっても放射能には害がある。これは、今や世界の常識となっており、バイスタンダー効果（被ばくした細胞から隣接する細胞に被曝情報が伝わる）や、ゲノム不安定性などと呼ばれる生物的影響も発見され、低線量のほうがむしろ単位あたりの危険度が高いことも明らかになってきたと主張している（小出、二〇一一年）。

中川は、被ばくによる身体的影響とは発がんであるとして、低線量領域では発がんリスクはきわめて低いと論述している。一方、小出のいう身体的影響とは細胞レベルの影響を指しており、低線量であっても危険であると述べている。

何故、このような見解の相違がでるのだろうか。それは、発がんに対するリスクと細胞レベルに対するリスクとの相違だと結論づけてよいのだろうか。小出は、我々が年間平均約二・四ミリシーベルトの放射線を宇宙などから受けているという事実を知らないはずはない。それでも、何故、低線量であっても浴びてはならないと言うのか。

何故なら、活断層評価と同様、科学的に分からない曖昧な領域における主張は個々人が持つ哲学、思想、信条などに大きく依存するからではないか。小出は、とりわけ放射線の感受性が高い子供は低線量であっても危険であるという信条があるようだ。この信条が、放射線が身体に与える影響は、細胞レベルであっても実質ゼロでなければならないという小出の考え方を形成しているのではないか。

このように、低線量放射線領域に関連する論争は、科学的曖昧さ、不確実性が存在するが故に、現実にあり得ない放射線ゼロ、放射線による影響ゼロという「安全神話」を生み出しやすい場と化してしまうのである。

最後に、司法における事例を紹介する。それは、再稼働をめぐっての福井地裁[3]の仮処分決定である。福井地裁は二〇一五年四月一四日、関西電力高浜原発3、4号機の再稼働差し止めを命じる仮処分を決定した。

福井地裁は、仮処分決定の要旨全文において次のように述べている。「―新規制基準に求められるべき合理性とは、原発の設備が基準に適合すれば深刻な災害を引き起こすおそれが万が一にもないといえるような厳格な内容を備えていることであると解すべきことになる。しかるに、新規制基準は上記のとおり、緩やかにすぎ、これに適合しても本件原発の安全性は確保されていない。新規制基準は合理性を欠くものである。…」。

つまり、同地裁は万が一にも災害が起こらないような基準でなければ合理性がないと判断したのである。万が一にもないとは、実質的にゼロリスクを求めている司法判断と理解せざるを得ないのである。このように、司法という場においても「安全神話」が甦りつつあるといっても過言ではない。

因みに、鹿児島地裁は同年同月二二日、九州電力川内原発1、2号機に対する差し止め仮処分の申し立てを却下した。原子力規制委員会の新規制基準に基づく安全審査に「合格」した二つの原発で司法判断が分かれたのだ。

第二節　原子力「安全神話」とリスク社会

原子力「安全神話」の崩壊は、科学の客観性、中立性、信頼性という神話に対しても大きな疑念をもたらした。本節では、福島原発事故後に注目を集めつつある自然科学の限界をめぐる議論を取り上げる。Weinberg（1972）が唱えていた「トランス・サイエンス」という概念である。科学で問うことができるが、科学で答えることができない問題領域をいう。

一方、社会学の分野において、Beck（1986）は、福島原発事故以前から科学技術が危険を創り出してしまうという「危険社会」という問題を指摘していた。さらにはGiddens（1990）、Luhmann（1991）なども安全と危険、安全とリスクの関係などを論じていた。いずれも、福島原発事故以前の学説である。

本節では、これらの社会学者の学説などを踏まえ、安全と安心、安全とリスク、安全と危険との関係を整理し、「安全とは何か」という安全の本質に少しでも接近することを試みる。

一、「安全神話」と超科学（トランス・サイエンス）

米国オークリッジ研究所の物理学者Weinbergは、一九七二年の論文で、トランス・サイエンスという問題領域の存在を指摘した。すなわち、「多くの問題は、科学あるいは技術と社会との間の交差するところで起きる。例えば、技術が影響を及ぼす有害な側面を、科学的行為を通じ社会問題として取り扱おうとする試みは、科学で問うことはできるが、科学で答えることのできない懸案問題となっている。私はこれらの問いに対し、「トランス・サイエンティフィック」という領域を提唱したい。認識論的に言うと、それらは事実に関する問いかけであり、科学言語で論述することができるにもかかわらず、科学で答えることができないものである。それらは科学を超越しているのである」（Weinberg, 1972, p.209）と述べている。

Weinbergは、トランス・サイエンティフィックな事例としていくつか挙げている。原子力に関わるものとしては、「低レベル放射線の生物学的影響」、「原子力発電所の事故確率の問題」に触れている。

前者について、Weinbergはハツカネヅミを用いた実験による高い線量の放射線での突然変異の発生率が線量と正比例関係があるとするならば、職業人が接する低い線量領域に対しても突然変異の発生率が計算できることになる。これは、社会政策上重要な意味をもつものであるが、それを実験で確かめようとすると、九五％の信頼度をもった回答を出すためには八〇億頭のハツカネズミが必要となる。このため実際には実験は不可能であり、この問題に科学的回答を与えることができないことになる。

後者に関しては、原子炉事故の起きる確率は非常に低いといっても、それを正確に推定するためには、実際に多数の原子炉を建設して長期間運転して、その結果をみることが必要となる。これは、実際に原子炉を大規模に運転することになるため、本来はそのためにこそデータを必要としているのであり、そのデータを得るにはデータなしに大規模な運営に踏み出すというのでは、科学的回答にはならないという。

つまり、これらは科学に課せられた問題であり、自然科学はそれに対して科学的取扱いはなし得るが、結果としては科学的回答を与えることができないのである。Weinbergは、これらは科学を超えているという問題とし、トランス・サイエンスと定義づけた。

我が国においても、柴谷（一九七三年）が『反科学』の中で、Weinbergの論文を翌年に紹介している。そして、四〇年近くが経ち、福島原発事故が起こった。事故によって原子力「安全神話」が崩壊し、自然科学に対し厳しい目が注がれる中、再び小林（二〇〇七年）や村上（二〇一〇年）などが取り上げたWeinbergのトランス・サイエンスという考え方が注目を集めた。小林（二〇〇七年）も柴谷（一九七三年）と同様Weinbergが示した事例を説明したうえで、科学技術と社会とをつなぐ協働する仕組みの構築を提唱し模索している。

村上（二〇一〇年）はWeinbergの考え方をさらに発展させ、要旨次のように述べている。トランスは、「超えた」という意味であるが、「広がった」ととらえたほうがぴったりくる。トランス・サイエンスとは、科学が絡んでいるけれど、最早、科学だけでは結論を出せない広がりを持たざるを得なくなった問題、課題、社会を指している。

Weinbergは半世紀近く前に、原子炉の事故確率を科学的に回答できないとしていた。つまり、科学的回答ができない以上、絶対安全という「安全神話」は成り立たないことを示唆していたのであった。

原子力発電は、経済社会に組み込まれた巨大科学システムである。社会的存在といっても過言ではない。改めて、原子力に関するリスク、安全、安心、危険などについて、とりわけ自然科学と社会科学との接点において、それらの関係性などを、さらに掘り下げていく必要に迫られている。

二、「安全神話」は消滅していた

我々は巨大科学システムと共に生きている。何人も、この世に生を受けると、好むと好まざるとにかかわらず、巨大科学システムの中に組み入れられてしまう。我々は巨大科学システムの中で生活せざるを得ないのである。この科学システムに依存しないで生活しようと考えても、あるいはそれに反し自己の思いを遂げようと企てても、乗り越えることは困難であり、結果としてほとんどが叶わない。

この巨大科学システムからは、我々の生活と密接不可分の財がもたらされる。例えば、生活必需財としての電気はこれに属する。いうまでもなく、電気は巨大科学システムからもたらされるものである。原子力、火力、水力発電所から生み出され、全国に張り巡らされた送変電設備を経由して家庭にもたらされている。

我々はこの電気という財から文化的で豊かな生活を享受している。電気製品は巷に溢れ、スイッチひとつで明るい光と動力を我々に提供してくれる。しかしながら、電気という財は利用するまでの過程において、数多くのリスク、危険を内包している。福島原発事故がそれを表出した典型的事例である。電気という生活必需の財を得る代償として、放射能による汚染、被ばくという結果がもたらされた。

この汚染、被ばくという代償を払ったのは、原子力発電所の周辺地域はもとより、広範囲にわたる不特定多数の人々であった。このように、科学技術が発展を遂げた近代社会において生活を営む我々は、否が応でも原子力発電をはじめとする巨大科学システムからのリスクや危険を受けざるを得ない状況下にある。福島原発事故は、そのことをますます強く感じさせる事象であった。

Beckは、チェルノブイル原子力発電所の事故直後に、『危険社会』という著書の中で、既に、このことを述べていた。「近代が進むにつれ、富の社会的生産に伴って社会的危険が体系的に生産されるようになる。貧困社会においては富の分配問題とそれをめぐる争いが存在した。危険社会ではこれに重ねて次のような問題とそれをめぐる争いが発生する。つまり科学技術が危険を造り出してしまうという危険の生産の問題、そのような危険に該当するのは何かという危険の定義の問題、そしてこの危険がどのように分配されているかという危険の分配の問題である」(Beck, 1986, p.25)。

因みに、Beckの著書は*Risikogesellschaft*というタイトルである。これを日本語訳では『危険社会』としている。ドイツ語のいうRisikoは、英語でいうとriskであり、本来はリスク社会と訳すことが妥当と思われる。だが、訳者はもう一つの危険を意味するGefahr、dangerとRisiko、riskとを、Beck自身が必ずしも区別して用いていない。むしろ同じ意味で用いているとしている。さらに、Beckのいう危険とは、我々が突如蒙るような外からの危険ではなく、近代化や文明の発展がもたらす危険を指しているという。

例えば、原子力発電の核分裂や核廃棄物の貯蔵によって発生する危険のように人類全体に対する包括的な危険である。その危険の範囲の広さとその原因の複雑さは、かつてのものとは違う。これらは近代化に伴う危険であるとしている。Beckは、要旨次に示す五つの命題で自己の主張の概略を示している。

(1) 危険として捉えているものは、直接人間が知覚できない放射能である。そして、空気、水、食品中の有害物質と、それが及ぼす植物、動物、人間に対する短期的、長期的影響をも指している。

(2) 近代化に伴う危険にあっては、それを創り出すもの、それによって利益をうけるものも危険にさらされる。危険は階級の図式を破壊するブーメラン効果を内包している。誰しも危険の前に安全ではありえない。

(3) 近代化に伴う危険は、ビッグ・ビジネスとなる危険であり、経営者が捜し求める無限の受容となる。文明社会の危険は、底が抜け、塞ぐことのできない、限りなく自己増殖する欲望の桶である。

(4) 富にあってはこれを所有することができるが、危険にあってはこれに曝されるのである。危険はあたかも文明の一部として割り当てられる。

(5) 社会的に認知された危険は、それ固有のいつ破裂するかわからない政治的爆弾を抱えている。危険社会は破局的な社会なのである。例外的な事態が正常な事態となってしまうことになろう。

Beck の『危険社会』は、発刊直前に発生したチェルノブイル原子力発電所事故の影響を受けていると思われる。上記五つの命題の最初に放射能を名指しして危険と捉えているが、既に述べてきた通り、自然界にも放射能は存在している。その量こそが問題なのである。だが、これは自然科学の領域からみた批判的見方である。ここで、Beck に注目すべきは、我々が生活する近代社会において、絶対安全はありえないことを示唆している点である。

Luhmann も同様の趣旨を述べている。「安全専門家の熟練した経験から、完全な安全には到達し得ないことが教えられる。何かつねに起こりうるわけである。それ故に、安全の専門家たちは、リスク概念を利用して、安全を目指す努力と理性的にそれを達成できるその度合いとを、計算によって精緻化しようとしている。決定論的なリスク分析から確率論的リスク分析への移行はこれと対応している」(Luhmann, 1991, p.28)。

このように、Luhmann の主張も、完全な安全はありえないというものであった。また、我々は、安全の反対概念は危険だと考えてきたが、Luhmann の考えでは、安全／危険がリスク／危険に置き換えられた。つまり、この対比からみても絶対安全は現実の世界にはありえないことを示唆しており、安全はむしろ観念の世界の概念であると解釈し得るのである。本章でも、福島原発事故によって、「安全神話」は崩壊したと述べてきたが、社会学においては、福島原発事故以前から、「安全神話」は消滅していたのであった（三上、二〇〇八年）。

三、安全、リスク、危険の連関

これまで、安全、リスク、危険について言及をしてきたが、これらの関係性は一体どのようになっているのであろうか。さらに、安心、不安、損害という概念を加えて考えてみよう。先ずは、Giddens（1990）、Luhmann（1991）を紐とき考察の端緒としたい。因みに、Beckは、前述した通り危険とリスクの違いを明確にしていない。

危険、リスク、損害の関係について、Giddensは「危険とリスクは相互に密接に関係しているが、同じものではない。その違いは、個々人が特定の行為の方向を企図したり、意識的に他の選択肢を考えようとするか否かによるのではない。リスクが想定するのは、厳密にいえば危険である（必ずしもそれは、危険の認識ではない）。何かのリスクを負う人は自ら危険を招くが、その場合、危険は望みどおりの結果に対する脅威と理解している。『予測されたリスク』をとる人は誰でも、脅威を認識している。その脅威とはその人の行動にもたらされる特別な作用である」（Giddens, 1990, pp.34-35）と述べている。

Luhmannは、未来の損害に関して不確かさが見いだされると述べたうえで、「このとき、二つの可能性がある。一つは、起こりうる損害が決定の帰結と見なされ、したがって、決定に帰属されるというもの、この場合にはリスクと呼ぼう。くわしく言えば、決定のリスクである。もう一つは場合によってはありうる損害が、外部からもたらされると見なされる、つまり環境に帰属される場合である。このときには、危険と呼ぼう」（Luhmann, 1991, pp.30-31）としている。

以上の学説および本章における論述、考察などを踏まえ、以下に、安全、リスク、安心、危険などの連関について考えてみたい。これらを包括的、体系的に考察している先行研究は限られている。村上（二〇〇五年）、中谷（二〇〇六年）、三上（二〇〇八年）などのように安全と安心、安全とリスク、安全と危険などに限定した範囲での考察事例をみることはできる。

関係性の考察にあたって、先ずは、現実の世界と観念の世界とに大きく二分する。現実の世界とは近代という時代の中にあって、巨大科学システムの恩恵に浴して現に生活を営んでいる世界である。観念の世界とは、現実の世界をどのように心の中で受け止めているかという気持ちの世界である。よく言われる安心は観念の世界に位置している。

現実の世界は、これまでみてきた通りリスクや危険に満ちた世界であり、Beckのいう「近代が進むにつれ、富の社会的生産に伴って社会的危険が体系的に生産されるようになる」といった社会であり、ここでは象徴的に「リスク社会」と呼ぶこととする。

一方、観念の世界はリスクと危険に満ち溢れた現実の世界をどのような心境で受け止めているかという世界であり、これを心が常に揺れ動いている「心象世界」と呼ぶ。安全、安心、不安などがこのカテゴリーに属する。現実の世界というカテゴリーに属するのは、リスク、危険、損害である。

これらをどのような座標軸で表すかが難題である。先ずは、「リスク社会」をみてみよう。「リスク社会」に属するリスク、危険、損害という概念は、それらが現れる時間的要素で示すことができ得るのではないか。「リスク社会」における横軸を時間と仮定した場合、最も初期段階にある概念とはどれを指すのだろうか。

結論からいうとリスクである。Giddens、Luhmannがいう「リスクが想定するのは、厳密にいえば危険である」、「起こりうる損害が決定の帰結と見なされる」[4]という文脈がこのことを示唆している。リスクは、危険や損害の時間的前段階にあると考えられる。

危険と損害の時系列については、言葉の意味の違いからも明らかである。危険とは危害または損失の生ずるおそれがあることを意味しており、損失を蒙ることを意味する損害に対して、時間的には前段階にあるといえる。

「リスク社会」における縦軸についてみてみよう。リスク、危険、損害が生ずる蓋然性の高さを表している。「心象世界」と共通の座標軸である。リスクとは、見通せるあらゆる危険や危険から、実際に生ずるであろう損害を考慮した上で、それでも考えられない残余のものであるという。可能性を論ずる確率論の世界である。利益を得るためにあえて冒そうとする危険、その結果生じる損害より蓋然性は低い位置にある。

次に、「心象世界」について考えてみよう。この世界の横軸は「安寧度」というものを仮定した。つまり、心が穏やかで落ち着いている度合いを表している。最も度合いが進んでいるのは、安全である。ここでいう安全は絶対安全に近い、安全を信じて疑わない心の様相である。「安全神話」の領域といってもよい。既に、述べた通り安全は現実の世界からは消滅し、観念だけの世界に移行したと考えている。

安心とは、周囲からの情報などに基づき、来るべきリスク、危険、損害について良く知っていて、それらを被ることは直ちにないと、自ら理解し何かあっても受け入れが可能であるという心の持ちようである。安全より安寧度合いは小さい。

そして、不安はリスク、危険、損害が今にでもやって来るかもかもしれないという不安定な状態を指し、「安寧度」が最も低い領域である。

縦軸の蓋然性は、安全、安心、不安という心境に陥りやすさの度合、蓋然性を表している。安全という心境にはなかなかなりにくく、不安という心境にすぐさま陥りやすいのではないかと考えられる。

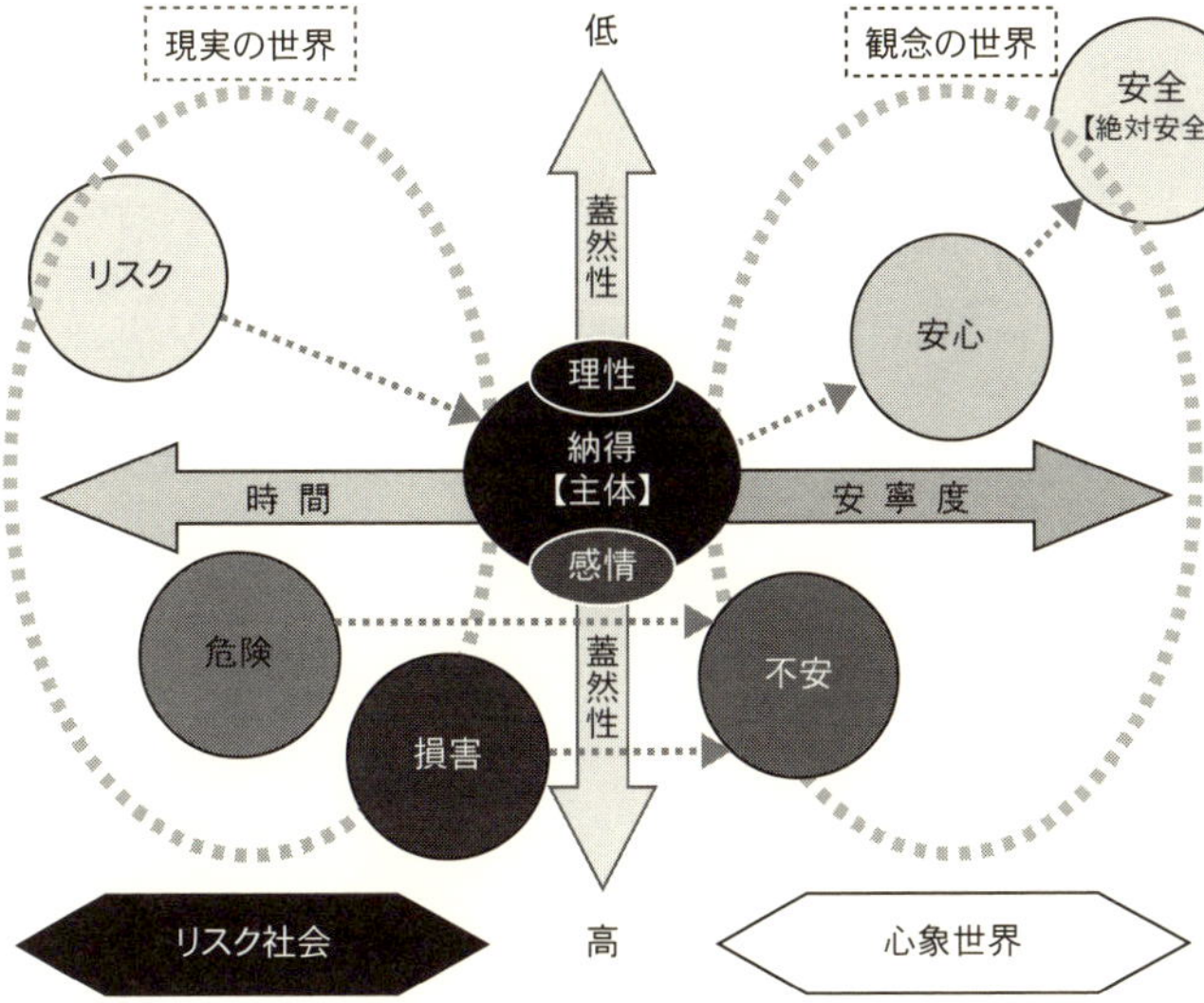

図3－1　連関図

（出所）　野中作成（2015）。

以上に基づき、それぞれを平面上に展開した結果が図3-1の連関図の通りである。続いて、現実の世界（リスク社会）と観念の世界（心象世界）の要に位置する納得という概念、さらには、どのようなプロセスを辿れば、安全、安心の心境に到達できるかというプロセスを点線で示した矢印によって説明する。

連関図をみて分かるように、納得は左サイドにある現実の世界と右サイドにある観念の世界の中心にあり、双方の世界を仲介する機能を有していると考えている。「リスク社会」に活きる我々生活者（主体）が、時間的に早期の段階にあるリスクに関わる情報を集約し、それを理性的に解釈し、なるほどと認め納得すれば、「心象世界」における安寧度合いが高くなり、安全、安心という気持ちを抱きやすくなるのではないかと考えている。

危険や損害については、事象が目前に迫っていることもあり、理性的な見方が困難となってしまう。何故なら、危険、損害がもたらす（もたらした）惨状が、具体的に想像できたり、目の前で展開していたりすることから、感情的見方しかできなくなってしまうからだ。その結果、安寧度は極めて低く、不安という気持ちに直結してしまう。不安には理由があるが、安心にはみあたらない[5]といわれる所以かもしれない。

つまり、この連関図の矢印は、安全、安心という心境を目指すためには、初期の段階からリスクに関連する情報収集を始め、感性的欲求に左右されず思慮的に行動する理性をもってリスク評価を行い、その結果をなるほどと認め納得をすれば、その心境に到達でき易いことを示唆している。

勿論、納得が不安につながるケースも考えられるが、リスクに関する評価の方法の見直し、コミュニケーションに要する時間的余裕など、危険、損害に比べれば、安全、安心へのアドバンテージがある。

第三節　原子力「安全神話」の行方

前節では、安全、安心を得るためには、初期段階のリスク評価の重要性を強調した。Luhmann によると、安全専門家たちは、決定論的なリスク分析から確率論的リスク分析への移行を志向しているというが、我が国においても、福島原発事故以降、同様の考え方が示されている。原子力発電所におけるＰＲＡ（確率論的リスク評価：Probabilistic Risk Assessment）と呼ばれるものである。

二〇一四年一〇月、ＰＲＡの研究開発等において、産業界の中核を担う原子力リスク研究センター（NRRC：Nuclear Risk Research Center）が電力中央研究所下に設立された。同センターの初代所長は、ＰＲＡの世界的権威者であるアポストラキス（Apostolakis）氏が就任した。確率論という米国型安全思想を取り入れようとする動きである。

このように、我が国では、シビアアクシデントは絶対に起きないという「安全神話」と、それが起こる可能性は否定できないという「安全神話」の二元論に加え、シビアアクシデントを確率論という物差しで計り、安全性を高めるという米国型安全思想が紹介され、定着させようとする流れがある。ＰＲＡは、これまでの「安全か否か」という二元論を廃した中核的な安全思想になり得るのだろうか。

一、米国型安全手法（確率論的リスク評価）への傾斜

ＰＲＡという安全評価手法の定着化に向けた動きとして、特に象徴的なものが原子力小委員会「原子力の自主的安全性向上・技術・人材ワーキンググループ」の設置であった。上述した電力中央研究所下のＮＲＲＣの開設もこれに連動した対応であった。先ずは、同ワーキンググループからの報告書（二〇一四年五月）に基づきＰＲＡを必要とする背景などについてみてみよう。

福島原発事故は、事業者のリスクガバナンスのあり方にも大きな疑問を投げかけた。そのことを反映し、原子力規制委員会による世界一といわれる厳しい規制基準に基づき、再稼働等の審査が行われてきた。だが、同ワーキンググループは、規制委員会がいう規制水準を満たすこと自体が安全を保証するものではない。事業者が規制水準を満たすだけの対応に終始することは、場合によっては、安全に対する原子力事業者の慢心を呼び、新たな「安全神話」に陥ることになると、警鐘を鳴らしている。

原子力発電は、社会に甚大な影響を与えるリスクを内在している。そういった特殊な事業を行う上では、立地地域の住民をはじめとする多様なステークホルダーとの間で、そのリスクに関する適切な相互理解が構築されなければならない。その実現のためには、「安全か否か」という二元論に陥りやすい社会的背景に流されることなく、事業者自らが、リスクの存在を前提に木目細かなコミュニケーションを行い、可能な限り納得性を高めて行く必要がある。

さらに、同ワーキンググループは、要旨次のように述べている。ＰＲＡは、事故に繋がる事象の網羅的な評価、脆弱点抽出、対策の効果の定量化などの効果を持っていることから、効果的なリスクマネジメントを実施する上での出発点となる重要なツールであり、諸外国では積極的に活用されている。他方、我が国においては、ＰＲＡはこれまで必ずしも積極的に活用されてこなかった。

ここで、ＰＲＡをより具体的に解説すると、施設を構成する機器・系統等を対象として、発生する可能性がある事象（事故・故障）を網羅的・系統的に分析・評価し、事故シーケンスを網羅的に摘出し、それぞれの発生頻度と、万一それらが発生した場合の被害の大きさとを定量的に評価する方法をいう。

原子力発電所のＰＲＡを行うことにより、発電所の設計及び運転の長所と短所に関する知見が得られ、予想される結果、感度、重要となる範囲、システムの相互作用及び不確かさの範囲を理解し、リスク上重要なシナリオを特定することが可能となる（報告書の用語解説から引用）。

米国においてはＴＭＩ原子力発電所事故後、規範的な（達成すべき性能ではなく具体的なプロセス、技術又は手順などを指示する）規制を強化する方向に向かったが、産業界による科学的根拠に基づくＰＲＡなどのリスク評価の実施という真摯な取組が、ＮＲＣの規制運用の最適化をもたらしたという。

我が国の原子力規制委員会が制定した規制基準は、どちらかと言えば、規範的という範疇に入るといわれている。事業者は、当然のことながらこの基準を満たしつつも、ＰＲＡという手法によって自主的にリスク評価を行い、プラントの安全性をより高めていく必要があると同ワーキンググループは指摘している。

つまり、事業者には、場合によっては福島原発事故の当事者だったかもしれないという自覚をもって、こういった活動を通じ、地域住民はもとより規制委員会からの信頼をも獲得して行く努力が求められているのである。

米国では、経営層からのトップダウンの決断の結果として、リスク評価を行う部門の提案を、実際の建設・運転・保守のやり方に反映している。経営トップの関与、リスク部門へのリスペクトなどが、プラントの安全性向上に重要な役割を果たしているといわれている。

さらには、リスク評価の手法や結果をブラックボックスにすることなく、部門にまたがる共通言語として活用している。このため、経営トップも含め、PRAに基づくリスク評価などに関し幅広いトレーニングを受けていると同報告書は述べている。

以上が、二〇一四年五月の「原子力の自主的安全性向上・技術・人材ワーキンググループ」報告に基づくPRAの位置づけである。引き続き、以下に電気事業者、メーカー、産業界団体、学会、政府等が行ってきたPRAの導入、定着活動を、一年後の二〇一五年五月に公表された同ワーキンググループからの報告書に基づきその概要（抜粋）を述べる。

(1) 各事業者において、NRRCの研究成果等も踏まえながら、地震や津波等の外的事象を考慮したレベル2のPRAが実施されている。

(2) 電気事業連合会は、二〇一五年一月に「PRA活用推進タスクチーム」を発足させた。

(3) 各事業者において、リスク情報を専門に扱うリスク管理部門の設置や外部教育機関を活用したPRA技術者の育成等、PRA活用に向けた体制整備が進められている。

(4) NRRCにおいて、電気事業者及びプラントメーカー等が参画する形で、産業界のPRA活用ニーズも踏まえた、安全性向上に係る研究開発ロードマップが策定された。

(5) 原子力安全推進協会（JANSI）において、事業者が実施したPRAのレビューを行うPRAピアレビュー推進委員会を設置している。

(6)　ＪＡＮＳＩにおいて、事業者、メーカー、エンジニアリング会社、ＮＲＲＣをメンバーとするＰＲＡ用パラメータ整備ＷＧを設置。ＰＲＡ実施の基盤データベースの構築が進められている。

(7)　経済産業省はＰＲＡの高度化に必要となる技術基盤整備事業を実施している。

以上のように、産業界全体でＰＲＡの導入、定着化が進められようとしている。果たしてＰＲＡは、我が国の原子力発電の安全論議において、これまでの「安全か否か」という二元論に替わり得るのだろうか。

二、「安全神話」と確率論的リスク評価

福島原発事故以前は、「原子力ムラ」という集団があった。そこでは、原子力発電所において、シビアアクシデントは絶対に起きないという「安全神話」が信じられていて、ムラの人々は安全、安心な心境で国からの電源三法交付金や発電所に関わる仕事に従事し、豊かな生活を営んできた。

山岸は、『安心社会から信頼社会へ』の中で、次のように述べている。「これまでの日本社会を特長づけていた集団主義的な社会関係のもとでは、安定した集団や関係の内部で社会的不確実性を小さくすることによって、お互いに安心していられる場所が提供されていました。そこで人々が安心していられたのは、社会的不確実性が存在しているにもかかわらず相手の人間性を信頼出来ていたからではなく、集団や関係の安定性がその内部での勝手な行動をコントロールする作用をもっていたからです」（山岸、一九九九年、一三―二四頁）。

上記に示した山岸の考えに基づき、「原子力ムラ」という集団を次のとおり描くことができる。

これまでの原子力業界を特長づけていた「原子力ムラ」という集団主義的な社会関係のもとでは、「安全神話」の下で、お互いに安心していられる場所が提供されていた。そこで人々が安心していられたのは、社会的不

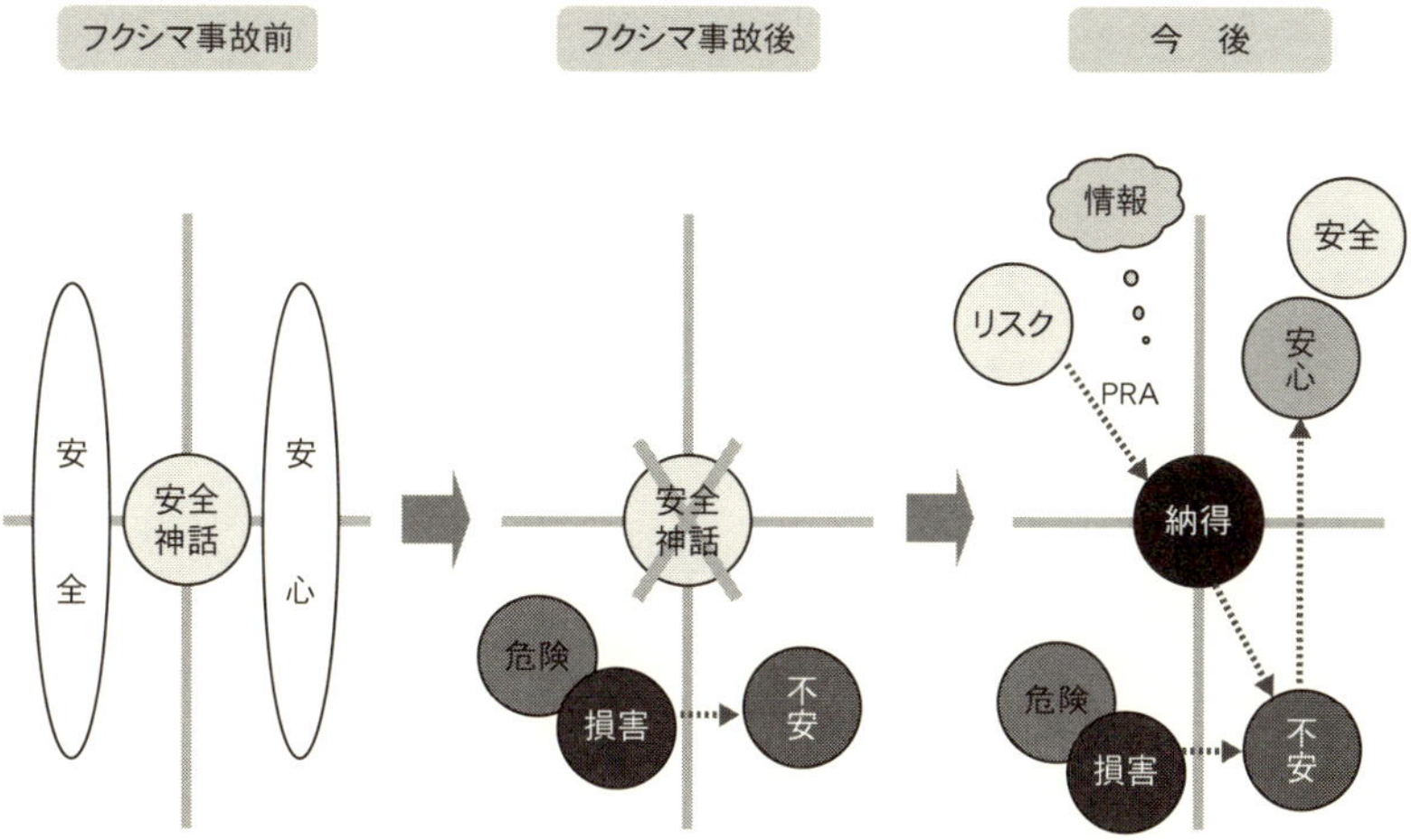

図３－２　連関の変遷

（出所）　野中作成（2015）。

確実性が存在していたにもかかわらず、絶対安全という幻想による安心と「国策民営」というシステムが豊かな生活を提供することによって、身勝手な行動を慎むようムラのリーダー達によってコントロールされてきたからである。

だが、福島原発事故後の「原子力ムラ」は、水素爆発などによる放射能汚染の拡大などの危険、損害を目の当たりにして、一気に不安という心境に陥ってしまったのであった。これを如何に安全、安心の心境に持っていくかという手法として登場してきたのがリスク概念の鮮明化とそれを可視化するＰＲＡ手法であった。その変遷を連関図で表すと図３-２の通りとなる

ＰＲＡという手法は、前述した通りリスクを可視化する手立てとして、有効だと思われるが、ＰＲＡは主として、原子力発電所におけるリスクマネジメントに適用するものである。本章でいう「原子力ムラ」には、ムラをとりまく無関心な人々も含まれている。果たして、ＰＲＡは、リスクコミュニケーションに幅広く活用し得るものなのであろうか。ＰＲＡは、多くの人の理解と納得を得ることができる評価、結果を示すことができるのだろうか、一部の専門

家や事業者だけを対象としたＰＲＡになってはいないだろうか。

リスクコミュニケーションに関し、「原子力の自主的安全性向上・技術・人材ワーキンググループ」報告（二〇一四年五月）は、要旨次の通り述べている。

リスク情報が適切に伝達され、また活用されるためには、リスクの大きさや当該リスクを避ける選択をした場合に生じる別のリスクやコストとのトレードオフ関係の伝達も重要である。そのためには、異なる専門分野におけるリスク情報を統合して取り扱うことが求められるが、これは容易ではない。

また、工学系の専門家と人文系の専門家の間でリスクに関する議論が尽くされる必要があるが、それらの論議が極めて不十分だったという指摘がある。分野を超えたコミュニケーションが不足すると、リスク評価がある一面にのみに偏ったバランスを欠く評価に陥りがちになる。

つまり、原子力リスクに関するＰＲＡの評価結果だけでは、コミュニケーションを図る上では、不十分であることを示している。報告書でも、原子力リスクにとどまらない問題も含めた形で、双方向コミュニケーションを通じ関係者の価値観を反映する必要があるとしている。しかも、トランス・サイエンスでみてきた工学系と人文系の専門家同士の交流の重要性が指摘されている。

ここで、改めて問うてみたい。確率論的リスク評価ＰＲＡは、これまでの「安全か否か」という二元論を廃した中核的な安全思想の形成につながる手法となり得るのだろうか。答えは、「イエス、バット」である。

これまで、安心という心境は「安全神話」を信じることによって維持されてきた。神話は、畏敬すべきもの神聖なものとして考えられてきた。理性というより感性の領域に近いものであり、ムラの空気とか雰囲気によるところが大きい。つまり、自分自身が理性によって評価、理解、納得したもので、安心を得てはいなかったのだ。

権威者やリーダーが唱えているとか、ムラの習わしや雰囲気によって「安全神話」を信じ、それに依存して安心という心境を維持してきたのである。

これを他律型と呼ぶとすれば、福島原発事故によって陥った不安から安心を目指すには、自分自身が納得するという自律型に変えていかなければならない。その納得に導くひとつの手法として、ＰＲＡには要件が備わっていると思われる。

しかしながら、ＰＲＡだけで多くの人々が納得し安心したという心境に導けるのか、と問われると答えは「ノー」である。ＰＲＡ以外の情報提供をはじめとするリスクコミュニケーションの成立など、いくつかの前提条件が必要だからである。

例えば、放射性廃棄物の取扱い、再処理をはじめとする核燃料サイクルの成立性、低レベル放射線の人体への影響などの多岐にわたる情報提供が不可欠である。言うまでもなく、そこには、当事者たちの間に信頼感が形成されていなければならない。

さらには、これまで権威者やリーダーに依存してきた「安全か否か」という他律型二元論に、長くどっぷりと浸かってきた多くの日本人の思考パターンをＰＲＡという確率論的リスク評価を使い、自律型納得論に変革するには、かなりの時間と労力が求められるのではないかという懸念がある。加えて、日本人の合理性より合議制を好む性格という問題もある。日本人は、単一民族として、日本特有の風土の中で農耕文化、集団主義を育んできた歴史がある。果たして、確率論的リスク評価という手法は、日本人の性格という壁をも乗り越えられるのであろうか。

おわりに

本章では、原子力「安全神話」をめぐる考察を多様な視点から行ってきた。最後に、本章の特長点について言及したい。一点目は、原子力「安全神話」が形成された背景には、単に、神話の持つ威厳、威信だけではなく、「国策民営」という実質的システム装置が大きな役割を果たしていることを指摘したこと。二点目が、社会学の分野では、福島原発事故以前から「安全神話」は消滅し、既に、現実の世界から観念の世界へ移り去ったしまったことを明白に述べたこと。三点目は、リスク、危険、安心、安全などの連関性を新たな座標軸で提示し、「納得」という概念を位置付けたことは、新たな視点からの試みでもあり、挑戦でもあった。

だが、いずれも着手したばかりであり、それらの考察に関しては充分に満足を得られるレベルまでには達していない。今後は、原子力「安全神話」を中心テーマとしつつも、上述した新たな試みについて、思索を重ねつつ、しっかりした論理構成を組み立てていき、説得力を高めていくことに引き続き努力していきたい。

3・11福島原発事故は、原子力発電が引き起こしたシビアアクシデントという視点だけでは、とても語り尽くすことはできない問題を投げかけた。本書のように各分野の専門家が、それぞれの立場から福島原発事故という側面にアプローチすることは、意義ある挑戦である。しかし、福島原発事故が投げかけた問題は、我々の想像以上に複雑かつ多岐にわたっているように思える。

注

（1）Malinowski の考え方は *Magic, Science and Religion; Myth in Primitive Psychology*（1948, p.146）で述べられているものである。この著書は、宮武・高橋（一九九七年）『呪術・科学・神話』として翻訳されている。ここでの引用は、原書と宮武・高橋（一九九七年）と大林

（一九七四年）とを比較検証した結果、大林（一九七四年、四五頁）から引用したものである。以下についても、原書と訳文とを比較し引用している。

（2）電源三法とは、一九七四年に制定された「電源開発促進税法」、「電源開発促進対策特別会計法」、「発電用施設周辺地域整備法」をいう。この法律は原子力に限らず、水力、火力などにも適応されるが、原子力に関する制度が手厚くなっている。

（3）二〇一五年一二月二四日、福井地裁（別の裁判官が担当）は関西電力の異議申し立てを認め、再稼働差し止めを命じる仮処分を取り消した。

（4）ルーマンは、「リスクを個人や組織による決定の結果として生じる（かもしれない）未来の不利益の可能性と定義し，危険という概念のあいだに明確な区別を設定する」（市野澤、二〇一〇年、五二六頁）。このように決定と密接な関係にあるリスクは、明らかに危険の時間的前段階にあるといえる。

（5）中村、関谷（二〇〇四年）らの「日本人の安全観」に関する調査・分析結果報告からの引用である。同研究はアンケート調査に基づき、分析、評価されたものである。全国七市町村に在住する各地域の男女六〇〇名を対象に行ったとしている。

第四章　システム信頼の逆機能に関する試論
――言説分析による解釈を手掛かりにして――

木全　晃

はじめに

二〇一一年に生じた東京電力福島第一原子力発電所事故以来、「信頼」（trust）という言葉が日本国内の各メディアで頻繁に聞かれるようになった。実際、Ｗｅｂ検索エンジンで「福島原発事故×信頼」による検索は約四七三万件がヒットする。[1] ここで信頼の類義語を辞書で引けば信用、威信、心寄せ、求心力、権威、信認などが該当するが、最も多いものでも「福島原発事故×信用」（約三八〇万件）であった。単純に比較はできないが、福島原発事故を紐解く鍵として信頼という言葉がサイト開設者や専門家、一般の人々から重要視されていると推察される。そこで本章では、社会科学研究における信頼の概念を通じ、専門家は福島原発事故がどのような変化をもたらし、いかなる意識や行動の修正が必要と捉えているのかを考察する。まず言説分析（discourse analysis）の手法を整理した後、インターネット上で公表された「福島原発事故×信頼」に関する専門家による五つの談話[2]の分析を行い、信頼という言葉がどのような文脈で用いられているのか、何が問題とされているのか、その現象面を把握することにより論点を整理する。そのうえで信頼に関する既往研究をもとに理論面を概観し、抽出した論点について考察する。これにより福島原発事故後の日本において、どのような生活者の意識の在り方が問われているのか、その内容を考察するとともに、そこではシステム信頼における逆機能が生じていたのではないかという独自の視点から、この問題に接近することを目的とする。

第一節　言説分析のアプローチとリスト化

一、社会的構築主義アプローチ

社会的構築主義（social constructionism）の立場から言説分析を紐解くBurr（1995）によると、「我々の世界の理解の仕方は客観的な観察の所産ではなく、人々が互いに絶えず携わる社会過程および社会的相互作用の所産」（p.4）であり、さらには、「我々が他者とのコミュニケーションにおいて用いる文化的に利用可能な言説から、我々のアイデンティティは構築される」（p.51）とする。換言すれば、会話を交わすなどの多様なやりとりを通じ、我々は自身を構築し、再構築するということになる。そこでの知識とは人々の間の日常的な相互作用を通じて作り上げられ、とりわけ言語は単なる伝達手段というよりも、行為の一形態にほかならないという。このような言語がどのように構造化されているかを調べる方法の一つが、言説分析といえる。

そこには、主に二つの流れがみられる。一つは、Ferdinand de Saussureに始まる構造主義、(3)後に改定され拡張されたポスト構造主義の流れを汲むものであり、昨今では個我や主体性、権力の問題を理解するうえで精神分析的諸概念に依拠するものなどがあるという。後述する批判的ディスコース分析も、この流れを汲むものと捉えられている。もう一つは言説の遂行的（performative）性質、換言すれば人々がその談話や執筆によって行い、達成しようとしていることに注目するものであり、発話行為理論や会話分析、エスノメソドロジーなどの影響を受けたものという。この流れにおける言説の研究は、説明がいかに構築され、いかに話し手や書き手に対して影響をもたらすか、あるいは人々によってどのような修辞的諸技巧が用いられ、採用されたかに注目する。[4] もっとも Burr（1995）によると、これら二つのアプローチは決して矛盾するものではなく、社会的構築主義の傘下で研究をする人々の多様な関心を反映していると述べていることから、本章では両者の接合を試みながら具体的な分析手法を以下で検討する。

言説は、次のように定義されている。「言説とは何らかの仕方でまとまって、出来事の特定のヴァージョンを生み出す一群の意味、メタファー、表象、イメージ、ストーリー、陳述などを指している。それは、一つの出来事（あるいは人、あるいは人々の種類）について描写された特定の像、つまりそれないしそれらをある観点から表現する特定の仕方を指す」（Burr, 1995, p.48）。そしてどのような対象にも多くの言説がまつわっており、それぞれが異なった仕方で意味を構築（construct）しようと努めるとされ、そうした言説は、異なる側面、問題、含意をもつことから、世界の現象を構築する役に立っているという。従って本章での考察は、福島原発事故によって表出した諸問題を客観的な視点から明らかにするのではなく、同事故後のリアリティが「信頼」という言葉を通じていかに構築されているのかという視点に置かれる。

ここで注意が必要なのは、ある言説の起源は人の私的経験にあるのではなく、人々の住む文化にあり、パーソナリティや気質、態度といったものは伝統的心理学が仮定する既にある内的な本質条件というよりも、相互作用の状況依存的なプロセスのなかで構築されると捉えられる点である。むしろ、人々はその談話によって何を成し遂げようとしているのか、換言すれば、談話とはある機能を遂行する、意図的で、社会的に志向された行動の一つとみるべきということである。こうした立場に立てば、我々の言うことの意味は言説的文脈によって、語が埋め込まれている一般的な概念枠組みによって半ば決まり、言説は一種の準拠枠（frame of reference）であり、我々の発語が解釈される概念的背景（conceptual backcloth）と捉えられる。[5]

Burr（1995）によると、言説分析のアプローチには次のような理論的仮定があるという。[6]

（1）客観性（objectivity）：伝統的科学のパラダイムでは、実験者は現象の客観的特質を偏見なしに明らかにすることができると仮定するが、このアプローチでは客観性は土台ありえないものと捉える。研究者は、その研究を自身と人々との共同作品と見なければならない。

（2）再帰性（reflexivity）：誰かが出来事について説明する場合、その説明は出来事の記述であると同時に、談話の構成的特質ゆえ、その出来事の一部でもある。また、社会的構築主義自体も、他の説明の仕方や理論と同じように社会を構築するものである。

（3）脱構築（deconstruction）：諸テクストを分解し、それがいかに人々とその行為の特定のイメージを表すような仕方で構築されているかをみる試みを指す。[7] そこにいかに隠れた内的矛盾を孕むかを暴露し、諸仮定を我々が受け入れるよういかに促されているか、抑圧された意味を提示することを意味する。また、レトリックの分析は、我々がもっともな説明を呈示するために言語的装置を使う仕方を徹底的に検討する。

このような言説分析は会話やインタビュー、小説や新聞記事、映画など、意味を読解できるものであればいかなるものにも用いることが可能であり、具体的な分析プロセスは次のように示される。[8]

（1）対象とするテクストをゆっくりと徹底的に再読する。

（2）繰り返し現れるテーマや出来事、それらについて同じように表現していると思われる統一的な陳述、意味を込められたと思われる語、矛盾、類似あるいは対照をなすイメージ、否定したり抑圧されたりする考え方などをリスト化する。

(3) テクストをうまくまとまって構築するような複数のテーマによって特定し、略述する。
(4) テーマのもつ含意を検討する。

言説分析のプロセスは、伝統的な科学における実証主義とは異なり、極めて直観的かつ主観的である。Burr(1995)が強調するのは、言説分析はその説明がどれほど真実に近いかという点ではなく、何かを行ううえでどれほど役に立つのかが問題となるという。また、諸テクストをまるでそれらがすべて諸言説の現れであるかのように扱うのは誤りであり、その発話の政治的、対人的文脈において、どのような目的のために、その目的を遂げるためにどのような方法を採るのかを理解する必要があるとしている。[9]

また言説分析のアプローチの一つとして、言説心理学者[10]を名乗る研究者が好んで使う「解釈レパートリー」(interpretative repertoires)があるという。これは、バレエ・ダンサーが場面にふさわしい動きを選び取る所作のレパートリーに似ており、限られた数の言語的な資源ないしは道具一式とされる。人々が正当な理由をもつ説明を構築する際に用いる、メタファー、文法、言葉のあやなどの反復を特定することによって識別が可能になるという。そこでは、息継ぎ、強調、ためらい、重複などが念入りに再読される。[11]

もっとも、こうした言説分析には多くの課題がみられることも指摘されている。まず先の再帰性において、研究者と協力者それぞれによってもたらされる影響ばかりでなく、両者間の影響をも指していることから、言説分析者は協力者からコメントを得る機会を研究に組み込む必要があるという点である。また、研究者がどのようなプロセスをたどり分析をまとめたかについて、多くの場合、極めて短い記述しか残されておらず、例えば、テクストの一節が似ている、異なっていると特定する際の基準について厳密な情報提供が成されるべきである。[12]特にここでは、後者の問題点を踏まえ、テクスト分析の具体的方法を詳細に後述することとしたい。

二、批判的ディスコース分析によるアプローチ

一方で、批判的ディスコース分析（critical discourse analysis）の立場を採る論者ら（e.g. Wodak and Meyer, 2001; Fairclough, 2003）によると、社会的構築主義者の言う構築（construction）と解釈（construal）を区別する必要があるという。我々は世界をある方法でテクスト的に解釈（あるいは表象、想像）するけれども、それが世界の構造変化に影響を与えるか否かは多様な文脈にかかっており、世界は常にテクストを通じて構築されるという社会的構築主義者の主張は全面的には受け入れられない[13]。

彼らが言説分析で注目するのは、談話に現れるイデオロギー的作用（ideological effect）である。これは、権力や支配、搾取の社会的関係の確立、維持、変化に関与するものとして表わされうる世界の諸相を表象するものであり、イデオロギーの研究ではイデオロギーを、不平等な権力関係をつくり維持する一つの重要な要素とみなし、多様な記号形態によって意味が形成され、伝達される方法の研究とされる[14]。このことは、先のBurr（1995）が発話の政治的、対人的文脈において、どのような目的のために、その目的を遂げるためにどのような方法を採るのかを理解すべきとする主張と重なり合うものと考えられる。しかもFairclough（2003）によると、言説分析には完全で決定的なものはみられず、どのような分析もそのテクストについて言えることのすべてを我々に教えてくれることはないとしており、その限界が示されている点でBurr（1995）の主張と一致するものといえる。

またFairclough（2003）は、言語とディスコース、テクストの関係を階層構造で捉える（図4-1）。

我々は、非常に抽象的な実体としての社会構造（social structure）、つまり言語のほか経済構造や社会階級、親族体系などによって一連の行為の可能性を規定されているなかで行為し、その結果として社会的出来事（social event）としてのテクストが生じてくる。とはいえ、両者は必ずしも直接的な関係にあるのではなく、中間的な言語的要素からなる組織的実体としての社会的実践（social practice）が仮定されており、これをディスコー

社会構造 social structure 〈言語〉
特定の潜在性や可能性を規定し、他を排除するもの

社会的実践 social practice 〈ディスコースの秩序〉
社会構造・出来事の中間的な組織的実体

社会的出来事 social event 〈テクスト〉
社会的構造・実践の結果

図 4-1　言語、ディスコース、テクストの位相

（出典） Fairclough（2003, pp.23-24）をもとに筆者が作成。

スの秩序とFairclough（2003）[14]は呼称する。ディスコースの秩序とは、例えば教育機関における教育の実践や経営・管理の実践、昨今では経営化や市場化といった言葉で表現されるように、これら二つの実践がどのように連結されているか、その変化などを指している[15]。

このようにテクストは単一で成り立つものではないことから、その「外的」関係と「内的」関係を識別する必要があるという。外的関係には、①テクストと社会的出来事の要素との関係、②テクストと他の人々のテクストとの関係という二つの側面があるという。前者はどのような社会的出来事と結び付けられているか、後者は「間テクスト性」（intertextuality）と呼ばれており、例えば他のテクストの直接・間接の引用などを意味する。また内的関係とはそのテクスト内の分析を指しており、①単語や節などの要素間の意味のつながり、②単語の形態素の文法的関係、③語彙の共起パターン、④異なったフォントや活字の大きさなど書記素論的関係、からなる[16]。

ところで、批判的ディスコース分析の論者らが注目するのは、イデオロギーであると前述した。これを分析する手がかりはどのようなテクストの解釈によるのだろうか。

Fairclough（2003）は、価値の体系（value system）とそれに関連する前提（assumption）はイデオロギー的であり、支配を達成し維持するために特定の意味を普遍化しようとすることはイデオロギーの機能に他ならないと

しており、Wodak and Meyer（2001）も人間像や社会観、科学技術観などにおいて談話が前提とし、伝えようとすることを処理する必要があるとしている。[17] ここでの前提とは先の「外的」関係で示した社会的出来事との結びつきや直接・間接引用にも現れると考えられる。また、批判的ディスコース分析の論者らは、テクストのなかで「口にされている」ことは「口にされていない」前提に常に基づいているとしており、暗黙的な前提をも解釈する必要性を強調している。これは、テクストそのものというよりも解釈される意味が社会的影響力を有するため、その意味生成のプロセスの分析に彼らは関心を払うためである。そこで分析対象として加えられているのが、テクストそのもののみならず、その生産者、受容者についてである。[18]

(1) テクストの生産：著者、話者、書き手に焦点をあて、それら生産者の組織上の地位、利害関係、価値観、意図、欲求などを考慮する。

(2) テクスト自体：言語や談話の異なるレベルの要素間関係をみる。単純な規則性ではなく意味と文脈によって効果は変わる。

(3) テクストの受容：解釈者や読者、聞き手の解釈の仕方、それら受容者の組織上の地位、知識、目的、価値観などを考慮せねばならない。

三、テクストの分析手順とテーマの解釈

これまで、社会的構築主義アプローチ、批判的分析アプローチという二つの流れをみてきた。両者にはテクストを通じて社会は構築されるか否かという基本的立場の違いはみられるものの、言説分析の手法そのものには重なり合う部分が多く見受けられる。ここでは前節までの内容をもとに、具体的な分析手順を整理する。

まず、Fairclough（2003）が言うテクストの内的関係と外的関係の分析について整理する。テクストの内的関

係では、①単語や節などの要素間の意味のつながり、②単語の形態素の文法的関係、③語彙の共起パターン、④書記素論的関係、が挙げられているが、本章では言語学的分析よりもむしろテクストの示す意味の探求を主眼とすることから、特に①に注目することとしたい。その分析には、Burr（1995）が指摘した分析リストが役立つものと考えられる。彼のリストは次のとおりである。

■　繰り返し現れるテーマや出来事
■　出来事について同じように表現すると思われる統一的な陳述
■　意味を込められたと思われる語
■　矛盾
■　類似
■　対照をなすイメージ
■　否定したり抑圧されたりする考え方

これらを整理した後、全体を構成するようなテーマを特定し、その含意を検討する、という流れであった。また、Burr（1995）は解釈レパートリーとして以下を挙げている。

■　正当性を主張する際のメタファー、文法、言葉のあやなどの反復
■　息継ぎ、強調、ためらい、重複

右記の一連の項目には、具体的にリスト化する際に重なり合う部分が多くみられることから、テクストの内的分析の項目を以下の五項目に集約することにしたい。

■　類似・重複：繰り返し現れるテーマや出来事、同じように表現された統一的陳述など
■　強調・正当化：意味を込めた語、メタファー、文法、言葉のあやなどの反復

表 4-1　言説分析の項目

1）テクスト自体	類似・重複：繰り返し現れるテーマや出来事、同じように表現された統一的な陳述など
	強調・正当化：意味を込めた語、メタファー、文法、言葉のあやなどの反復
	矛盾：非論理的な前後関係
	対比：対照を成すイメージなど
	否定・抑圧：否定したり抑圧したりする考え方
	前提：社会的出来事との結びつき、直接・間接的引用
	価値の体系
2）生産者（著者、話者など）	組織上の地位、利害関係など
3）受容者（読者、聞き手など）	組織上の地位、知識、目的など

■　矛盾：いったん肯定しながら、一方で否定するといった非論理性など

■　対比：対照を成すイメージなど

■　否定・抑圧：否定したり抑圧したりする考え方

また、批判的ディスコース分析の論者が注目するイデオロギー、換言すれば談話が伝えようとする人間像や社会観、科学技術観などが現れる「前提」および「価値の体系」を考察対象に加える必要がある。その意味生成のプロセスとは、「テクストの生産」⇒「テクスト自体」⇒「テクストの受容」からなるが、まず中間的なテクスト自体については、「社会的出来事との結びつき」、「直接的、間接的引用」を通じて「前提」を捉えることとし、「価値の体系」については文字どおり「べき／べきでない」といった生産者の価値観の現れと捉えることにしよう。さらに生産者と受容者について、生産者の価値観等はテクスト内で扱うことから次の分析項目に集約する。

■　生産者（著者、話者など）の組織上の地位、利害関係など

■　受容者（読者、聞き手など）の組織上の地位、知識、目的など

このことから、二つのアプローチの接合を試みる本章では、上記のような合計九つの項目に沿ってテクストの意味内容を整理し、解釈することにしたい（表4-1）。

以上の分析項目をもとに、専門家による五つの談話をリスト化したうえで（表4-2）、テクストをうまくまとまって構築するようなテーマを特定し、略述した（表4-3）。

ここでは紙幅の関係から表中の分析内容の詳細について触れないが、これらをもとに各談話の含意および共通するテーマ、内容をここで整理する。

いずれの言説も信頼がテーマであり、言説5を除いて四つの言説中の信頼の主体と対象はおよそ共通している。主体は「市民」あるいは「国民」であり、その対象は科学者や専門家（言説3、4）、政府や電力会社（言説1、2）となっている。また信頼は信用と換言されたり（言説3、5）、安心と対置されたりし（言説4）、誠実さや誠意（言説2）、正直さや透明性（言説3）を伴った行動によって説明される。

言説1を除く四つの談話は、もう信頼していない（言説2）、信頼の回復（言説3）、信頼の失墜（言説4）、信頼がなくなった（言説5）というように、かつてあった信頼が失われたという立場に立つ。また言説5を除き、各テクストの統一的な主題は信頼を得る（取り戻す）方法にある。科学のプロセスを市民がよく理解すること（言説3）、一般市民による参加型意思決定を行うこと（言説4）というように信頼を寄せる主体の行動の修正が示される一方、過去の原子力行政と電力事業の在り方を見直し改革すること（言説1）、ドイツの規制当局のように独立した組織がないことに問題があること（言説2）といったように信頼される側の制度の修正が示されるほか、謙虚に頭を垂れて信を問う姿勢（言説1）、政府や電力会社が隠さず事実を究明するべき（言説2）、間違いを認めること（言説3）というように信頼される側の行動の修正が述べられている。

このように分析内容はあくまで個別記述的世界にとどまっているものの、いくつかの論点を帰納的に抽出することができそうである。一つ目は福島原発事故によって表出した問題において、信頼の主体（市民、国民）と対象（科学者、専門家、政府、電力会社）にどのような関係が理論上、見出されるか。二つ目に、そもそも信頼は

表 4-2　福島原子力発電所事故に関する専門家の 5 つの言説のリスト化

		言説 1	言説 2	言説 3	言説 4	言説 5
生産者		多摩大学大学院教授・田坂広志、元内閣官房参与	独 TV 局 ZDF、ヨハネス・ハーノ、東アジア総局長	生物学者・アン・グローバー、EU の首席科学顧問	福島大学行政政策学類准教授・西崎伸子、専門は地域環境論	元日本学術会議会長・黒川清、福島原発の国会事故調査委員会委員長
受容者		ビジネス誌記者、知識有⇒「例の九州電力の『やらせメール問題』が起こったわけですね」	テレビ局アナウンサー、知識不明	新聞記者、知識有⇒「英国で狂牛病が広がったとき・・・英国の科学者も信頼を失いましたよね」	学会大会シンポジウム参加者、研究者対象のため知識有	新聞記者、知識不明
テクスト自体	類似・重複	「規制の客観性と独立性が疑われるような組織形態」⇒「組織形態の問題」⇒「組織の不適切な状態」	「国のエリート達」⇒「この国のエリート達」、「単独の」⇒「独立した機関」	「科学者の信頼度が高い」⇒「科学者への信頼はとても高い」、「間違いを認める」⇒「間違っていたと正直に伝えた」	「健康被害リスク」⇒「低線量被曝の影響」⇒「放射線量に関する話題」	「日本の信頼がなくなったと思った」⇒「1 週間で信用なくなっちゃったね」
	強調・正当化	「これでは国民は」（再稼働について国民は信頼、納得ができないことについて）	「ただ、1 年前とは大きく印象が変わった」（被災者は政府をもう信頼していないことについて）、「原子力村という言葉」（日本に独特の表現として）	「とても残念」（日本で科学者が信頼されていないことについて）、「興味深いことに」（英国の科学者への信頼が事件前よりも高まったことについて）	「まったく納得されず」（安心だけを説く専門家の信頼が失墜したことについて）	「みんなびっくりした」（原発事故の発生について）
	矛盾	—	「日本で暮らしても大丈夫」⇒「でも、危険性も常にある」	—	—	—
	対比	「米国 NRC」と「推進側の経産省と規制側の保安院」	「原子力村」と「原子力監査局」（独）、「エリート達」と「被災者」	「英国の科学者」と「日本の科学者」	「安心だけを説く政策決定者・専門家」と「信頼できる専門家」	—

（つづく）

テクスト自体	否定・抑圧	―	「被災者はもう政府を信頼していません。電力会社も信頼していません。メディアも信頼していません」	「いえ、起こらないと思います」（欧州で専門家が信用されない状況について）	「日常生活における放射線防御がなかなかうまくいってない」	「だからもう1週間で信用なくなっちゃったね、たぶん」
	前提	「適切ではないと言われてきた」（日本の原子力行政組織について）	「日本では政界、学会、エネルギー業界、そしてメディアが深く結びついている印象です」	「科学者が信用できないなら、いったい誰を信用するのですか」	「原発事故による環境汚染が長期にわたって起こることは確実」	「科学技術とエンジニアが非常に強いっていう評判の日本」
	価値の体系	「謙虚に国民の前に頭を垂れて信を問う姿勢がなければならない」、「過去の原子力行政と電力事業の在り方を徹底的に反省し、見直し、改革する」	「日本のためになることしかしてはいけません」（政府や電力会社に対して）、「全て包み隠さずに究明するべきです」	「間違いを認めることによってだと思います」（信頼の回復について）、「科学のプロセスを市民がよりよく理解することで、科学への信頼が増したと思いたいです」（英国での現状について）	「一般市民参加型の意思決定の要求がますます高まっているわけですね」	「世界が注視する中で日本の信頼がなくなったと思った」、「記者会見を見ていたら、何か隠している」

（出典）　筆者が2013年5月4日に検索したインタビュー談話より作成。敬称略。

表 4-3　5 つの言説のテーマ

	言説 1	言説 2	言説 3	言説 4	言説 5
テーマ	国民の政府や電力会社に対する信頼	被災者、国民の政府、電力会社、メディアに対する信頼	市民による科学者に対する信頼	一般市民の政策決定者や専門家に対する信頼	世界から経済大国としての日本への信頼
主要な文脈	・納得することの背景に、信頼を置く ・原子力発電規制の客観性と独立性が疑われる組織形態に問題がある（類似・重複）と述べている ・過去の原子力行政と電力事業の在り方を見直し、改革することが信頼を得る前提にあること、信頼および納得は、政府が謙虚に頭を垂れて信を問う姿勢が必要という価値の体系が示されている	・かつてあった信頼が消失したと述べている（強調、否定・抑圧） ・政府や電力会社が隠さず究明する行動に、信頼は表れる（価値の体系） ・被災者と国のエリート達との間に乖離があり（類似・強調、対比）、政界、学会、エネルギー業界、メディアが癒着しており、独規制当局のように独立した組織がないこと（類似・重複）に問題があると表明している	・日英の科学者を比較し（対比）、科学者への信頼の高さを前提とする ・日本の科学者が信頼されなくなったことに残念（強調）と述べている ・英科学者への信頼はクライメート事件の前よりも高まったこと（強調）、その理由は間違いを認め、科学のプロセスを市民がよく理解すること（価値の体系）にあると表明している	・原発事故による環境汚染、主に低線量被曝の影響を示し（類似・重複）、長期化が確実であるという前提に基づく ・安心だけを説く専門家と信頼できる専門家が対比され（対比）、前者の信頼は失墜したと述べている ・一般市民による参加型意思決定に、問題の解決の方向性があることが表明されている（価値の体系）	・世界で第 3 位の経済大国であり、科学技術とエンジニアが非常に強い日本を前提としており、そこで原発事故が生じたことに対する驚きを述べている（強調、価値の体系） ・信頼を失った理由は、記者会見における隠ぺいにあるという前提が表明されている
テーマとの関連語	納得	誠実さ、誠意	信用、正直さ、透明性	反）安心だけを説く	評判、信用

（出典）　筆者が作成。

「信用」や「安心」といった概念とどのような関係にあり、どのような差異をもって説明することができるのか。そして三つ目に、信頼を寄せる主体と信頼される側の相互関係はどのように論じうるか、である。次節では分析結果の解釈を深めるべく、これら三つの論点に沿って信頼に関する既往研究をみる。

第二節　「信頼」の理論と現象の接合

一、信頼、信用、安心

Luhmann（1979）によると、信頼（trust, Vertrauen）とは「自己の期待をあてにする（confidence in one's expectations）」（p.7）という最広義の意味で社会生活の基本的な構成事実という。信頼を置かないのであれば人間は朝、寝床を離れることすらできず、極度の複雑性（complexity）と無媒介に対峙することにもはや耐えられないとしながら、信頼のうちに生活世界（life-world）の複雑性を縮減するための実効的な形式が用意されているとする。[19] 複雑性が増大すればするほど、現在の確実性（assurance）への要求、換言すれば信頼への要求が増大するのであり、信頼の機能は出来事との関係で一層大きな複雑性とともに生活し、行為することを可能にする点にあるという。そこでは三つの位相が仮定されている（図4-2）。

慣れ親しみ（familiarity, Vertrautheit）は、信頼の前提である。[20] 慣れ親しん

図 4-2　信頼の 3 つの位相

（出典） Luhmann（1979, pp.32-37）をもとに筆者が作成。

だ世界では過去が現在と未来を支配しており、周知の世界が未来へと継続することが仮定されている。世界の一層の複雑化により、自明な、周知された慣れ親しみによってのみ世界は支持されえなくなり、間主観的な過程への信頼の必要性が生じるという。第一の信頼は、日常世界とともにある慣れ親しみという土台での人間相互間の信頼（interpersonal trust, Persönliches Vertrauen）であり、他者の行動の不確実性を乗り越えることに役立つものとなる。[21] しかし複雑性がより増大するにつれ、信頼は拡張されねばならず、そこで新たな種であるシステム信頼（system-trust, Systemvertrauen）へと移行する。このように彼は、慣れ親しみ、人間相互間の信頼、システム信頼との関係を、階層的および連続的に捉えており、ここでのシステムとは社会システムを意味するものと考えられる。[22]

ところでLuhmann（1988）によると信頼（および信用）は、「象徴的表象によって慣れ親しんだ世界に委ねられているので、その根拠を破壊するかもしれないシンボリックな出来事に鋭敏なままである」（pp.96-97）と、不安定さを強調しながら、人間相互間の信頼はあくまで慣れ親しんだ世界のうちに獲得されねばならず、諸々の変化は慣れ親しんだ世界のうちに生起するとしている。人々はシンボルを用い、慣れ親しみのないものを慣れ親しみのなかに再導入する（reintroduce）ことができるので、生活世界を離れる必要がないという。このようにしてみると、ここでの慣れ親しみとは慣習や風土といった制度的、文化的側面を表すものと推察される。

さらに、Luhmann（1988）は信用（confidence）と信頼の識別を、認知（perception）と、ある事象の原因を何に求めるのかという帰属（attribution）に置く。信用とは偶発的な出来事への注意を伴った期待であり、非常に稀であるために失望の可能性を無視することを伴うという。その際、代替肢は考慮されず、失望の際に外部要因への帰属によって対応する点を特徴とする。対する信頼は、他の行為と比較してある一つの行為を選択する状況にあり、その選択における信頼は後悔を伴うかもしれず、内部への帰属を考慮しなければならないとしなが

ら、ただし状況に応じて信頼の関係は信用の関係に、信用の関係は信頼の関係に変化しうるという。(23)

こうしたNiklas Luhmannの信頼論に修正を求めたのが、Anthony Giddensである。彼は近代をよりよく捉えるには、これまで社会学者が用いてきた分化や機能の特殊化は適切でないとしながら、脱埋め込み（disembedding）という概念のほうが、「社会システムが、時間と空間を括弧にくくっていくという現象」、「モダニティの本質にとって基本的に重要な、時間と空間の変通自在な連携の仕方」（Giddens, 1990, pp.21-22）をより適切に把握できるとした。前近代において時間と場所（空間）は結びついていた（一致していた）が、例えば機械時計の普及によって時間の標準化された空白な次元の形成が促され、また世界地図によって空間が特定の場所から独立した存在として確定していく。このような時空間が目の前の特定の脈略から解き放たれる脱埋め込みを遂げることにより、社会システムは拡大の範囲を押し広げ、時空間を超えた調整に依存するようになったとする。ここでの脱埋め込みとは、「社会関係を相互行為のローカルな脈略から引き離し、時空間の無限の広がりのなかに再構築すること」（Giddens, 1990, p.21）と定義される。

そしてGiddens（1990）は、脱埋め込みメカニズムに二つの類型をみる。象徴的通標（symbolic token）の創造と専門家システム（expert system）の確立であり、両者はともに社会関係を前後の脈略の直接性から切り離すものとする。前者について彼は貨幣を例にとりながら、「それを手にする個人や集団の特性に関わりなく流通可能な相互交換の媒体」（Giddens, 1990, p.22）とし、後者については、我々が今日暮らしている物質的、社会的環境の広大な領域を組織化する、科学技術上の成果や職業上の専門家知識の体系を示すとしながら、専門家システムは「拡大化した時空間の隅々にまで当然そうなるであろうとの期待の保証を提供することによって、脱埋め込みを行っていく」（p.28）形で浸透してきたという。

こうした脱埋め込みメカニズムが依拠するのが、信頼（trust）である。信頼は、近代の諸制度と根本的に結びついており、その場合、「人にではなく、抽象的な能力に対して付与されている」（Giddens, 1990, p.26）点に特徴があるとする。これは、Luhmann のいうシステム信頼の次元での議論を指している。Giddens（1990）によると、近代の制度に伴って生まれた専門家システムをはじめとする抽象的システム（abstract system）から人々は完全に離脱できず、(24)自ずとシステム信頼を人々は余儀なくされることになる。この点で、Luhmann の前提と軌を一にする。もっとも彼は、Luhmann による信頼と信用（confidence）(25)の識別の意義を認めながらも、信頼とはむしろ信用の個別類型の一つであり、持続的な状態であることを強調する。(26)そして信頼の維持において最も重要となるのは、許容可能なリスクの算定と事実上バランスを保つことにあるとしている。

そのような信頼は、人やシステムが頼りになると信ずることではなく、むしろ信仰（faith）に由来しており、正確には「信仰と信用を結びつけるもの（link between faith and confidence）」（Giddens, 1990, p.33）であるという。さらに彼は、専門家システムへの信頼は通常、人々が自ら完全に点検できない専門家知識の信憑性に置かれることから、「信頼とは要するに信仰の一形態」でもあり、「単なる認知的理解でなくむしろあるものに対する傾倒（commitment）」（Giddens, 1990: p.27）を表すとした。また信頼は時空間の側面において、そこに居合わせないことと関係しており、その重要な要件は情報の欠如にあることから、すべてある意味で白紙委任状（blind trust）であると述べている。ここで confidence と faith の語義の差異に目を向けるなら、前者は証拠や経験に根差す合理的側面に重きがおかれるのに対し、後者は論拠を超えた感情的側面に特徴があって、Giddens の捉えた trust とは両者の中間的位置づけにあると捉えることができる。このように、Luhmann が信頼と信用の差異を認知と帰属という点から捉えたのに対し、Giddens は信頼をより主観的、感情的な状態と捉えることで、客観的かつ理性的な信用との質的な差異を際立たせたといえる。これらを整理すると図4-3のようになる。

一方、生活世界における複雑性の縮減に Luhmann が信頼の機能を見出したことを受けつつ、それに加えて社

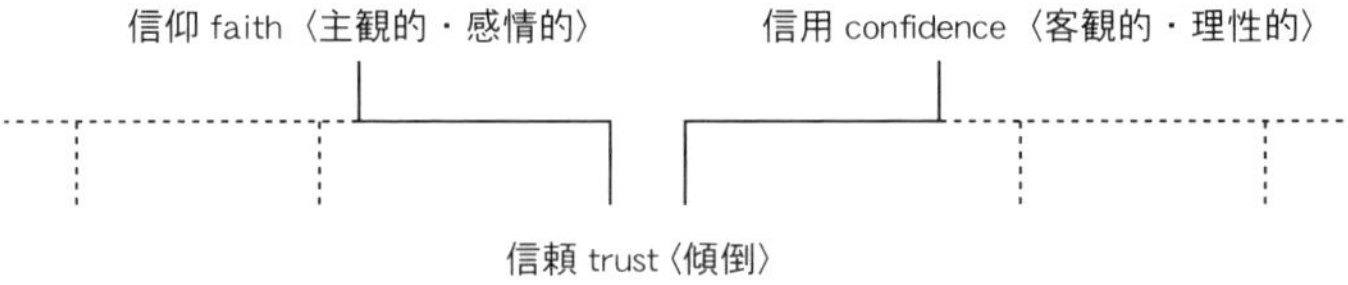

図 4-3　システムに対する信頼、信仰、信用の関係

（出典）Giddens（1990, pp.27-33）をもとに筆者が作成。

会的コントロールという機能を見出すことができるとしたのが、Barnard Barberであった。

Barber（1983）は、道徳的社会秩序の持続性への期待としての信頼に二つの種を識別する。[27] 一つは、社会的関係や社会システムのなかで出会う相手が、役割を遂行する技術的能力を保持しているという期待とし、もう一つは、信託された責務と責任を果たすことに対する期待であり、言葉を換えれば他者が自らの利益を超えて相手の利益に特に配慮して道徳的義務や責任を果たすことに対する期待とする。このような信頼には複雑性の縮減に加え、社会的コントロール（social control）という機能が見出されるとし、これは社会システムからの要請の達成において必要な手段と目的を提供するメカニズムであり、権力のいとわぬ容認や受容、共有された価値の表出と維持の基礎になるとしている。[28] このことは信頼が、例えば組織におけるパワーの源泉となるばかりでなく、組織文化の基盤を成すことなども意味する。

これらの議論を受け、日本的集団主義のなかでの信頼を検討したのが、山岸（一九九八年）である。そこではBarberの言うところの広義の信頼の二側面は、「能力に対する期待としての信頼」（専門性に基づく能力：competence）と「意図に対する期待としての信頼」（意図についての信頼性：trustworthiness）に整理されるとともに、さらに後者は、二つに識別される。[29] 一つは相手の人間性や行動特性の評価にもとづく期待であり、これを原義の「信頼」（狭義の信頼）としながら、もう一方を相手に対する損得勘定にもとづく期待としての「安心」とラベリングする。これらの関

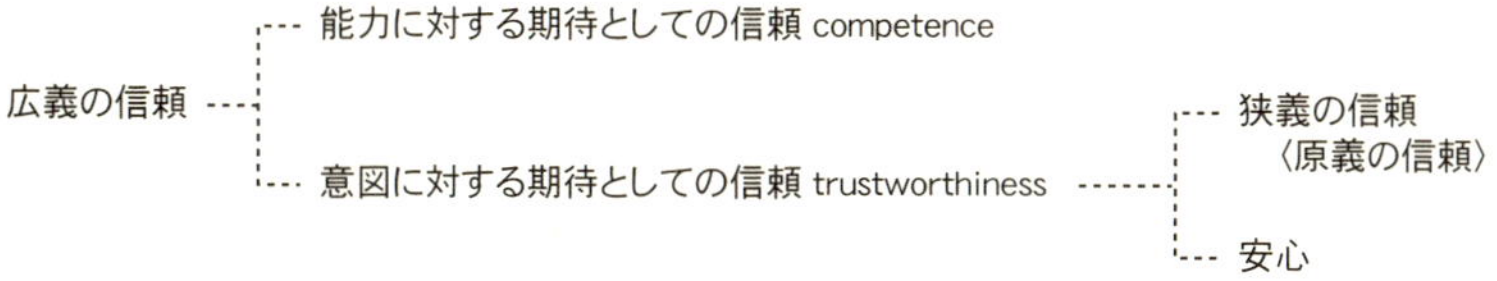

図 4-4　信頼と安心の区分

（出典）　山岸（1998, pp.38-39）、山岸（1999, p.46）をもとに筆者が作成。

係は、図4-4のようになる。

　山岸（一九九九年）が意図に対する期待としての信頼に注目したのも、日本的集団主義は自己の利益より集団の利益を優先する心の性質からでなく、集団の利益を優先したほうが自己にとって得になるという心の性質によるものであり、これを下支えしてきたのは、人々の集団の利益に反する行動を妨げるような社会のしくみ、特に相互監視と相互規制にあるとの見解を示すことにあった。[30] そこに暮らす人々に提供されてきたのが「安心」であり、むしろ相手の人間性の評価に基づく原義の「信頼」の発達を阻んできた、というのが彼の論点である。[31] こうしたBarberおよび山岸の議論は、先のLuhmannの三つの信頼の位相からすると、人間相互間の信頼の次元を基礎とするものの、社会システムと個人、あるいはシステムとしての組織と個人との関係まで議論しており、システム信頼の次元にも敷衍することが可能と思われる。また山岸による信頼の一類型としての「安心」という概念と、狭義の（原義の）「信頼」の識別に対する是非はあるにせよ、日本的信頼（彼の言う「安心」）の概念によって日本の集団主義を措定しようとする試みは示唆に富むものといえる。

二、システム信頼の機能についての試論

　前節では、既往理論を概観するなかでLuhmannおよびGiddensが近代以降の諸問題を議論する際に着目してきたのは、システム次元の信頼であることをみてきた。そこで本節では、システム信頼の機能について検討することにしたい。周知のように組織論で

	顕在的 manifest	潜在的 latent
順機能 eufunction	顕在的順機能	潜在的順機能
逆機能 dysfunction	顕在的逆機能	潜在的逆機能

図 4-5　機能の 4 象限

（出典）　Merton（1949, p.51）をもとに筆者が作成。

は、官僚制の文脈で順機能と逆機能について多様な議論が成されてきた。なかでも社会学の機能分析を系統的に整理したRobert. K. Mertonによると、「機能とは、所与の体系の適応ないし調整を促す観察結果であり、逆機能（dysfunction）とは、この体系の適応ないし調整を減ずる観察結果である」（Merton, 1949, p.51）という。さらに彼は、観察の結果が客観的であり、その体系の参与者によって意図され認知されたものを顕在的機能（manifest function）としながら、意図されず認知されなかったものを潜在的機能（latent function）と呼称する。簡略化するなら、ある社会事象が、社会や組織、個人あるいは他の社会事象におよぼす正の作用を順機能（eufunction）、負の作用を逆機能と捉えることができる。これに従えば、システムの観察結果は大別すると上記の四つに区分される（図4-5）。

　さらにMerton（1966）は、社会における逆機能の概念を用いて社会問題を議論する際、次の点を強調する。一つは、「社会的逆機能とは、一定の社会体系の一定の機能的要件に支障をきたす一定の行動形式、信念、あるいは組織の一定の一連の結果を指している」（Merton, 1966, p.818）ことである。換言すれば逆機能とは、ある特定の社会システムの属性のおよぼす結果についての言明でなければならないということである。この点が見過ごされると、単なる非難や無意味な態度の表明になりかねないとし、決定的にテストすることが困難であるにしても検証可能な仮説とすることは可能であるとしている。もう一つは、「同じ社会形式（social pattern）であっても、社会体系のある部分にとって逆機能的であっても他の部分にとって（順）機能的である」（Merton, 1966, p.819）ことがあり得ることである。社会事象は多様な結果を伴うため、社会構造のなかで様々な位置を占める個人や集団、社会階層にとってそれぞれ異なった作用がおよぼされ得ると同時に、例えば同一集団のある要件を充足する一方で他の要件を妨げることもあり得る。さらにMerton（1966）は、「社会における逆機能は不道徳、非倫理的実践ないしは、社会的に望ましくないものに対する当世風の述語的代物（latter-day terminological substitute）ではない」（p.822）としており、そこでの価値判断は社会学的分析とは関係がなく、むしろ当該システムに対する道徳的価値判断に委ねるべき問題とする。

ここで、前節のシステム信頼の議論に立ち戻ってみたい。その冒頭で示したように、Luhmann（1979）は信頼の機能を、出来事との関係で一層大きな複雑性とともに生活し、行為することを可能にする点にあるとしていることから、システム信頼の順機能として複雑性の縮減（reduction of complexity）をまず挙げることができよう。これは、人々が一般にシステムに対する期待によって得ている顕在的機能と考えられるほか、Barber（1983）が示した社会的コントロールも同様に順機能といえる。さらにLuhmann（1979）はシステム信頼の便益を、「具体化することのなかったであろう行為の可能性を切り開き、長い行為連鎖の確実な制御よりも無関心さの中にこそ便益は見出され得る」（p.41）としている点に注意が必要である。このことは、システム信頼のさらなる順機能として無関心さ（indifference）が措定されており、いわばこれまで人々によって充分に認識されてこなかった潜在的機能と捉えられる。

ところでLuhmann（1964）は、当該システムに対する人間相互間の信頼からシステム信頼への展開という連続性のなかに、顔見知りの人間のアイデンティティへの関連付けから社会システムのアイデンティティへの関連付けへの変化を見出しており、後者において個人はある限られた範囲の役割を演じているにすぎないと述べている。[32] このため、システム信頼において、人々は当該システムに対する漠然とした観念をもっているものの、錯綜した諸条件のすべてを見通したり、決定的な影響を与えたりすることはできなくなるという。ここで考えねばならないのは、システム信頼において人々による当該システムに対する予見や完全な制御を欠くことに起因する意図せざる結果、つまりコントロール不能の状態が生じる可能性についてである。このことは、もしも当該システムが何らかの偶発的な要因により破綻した際、彼が措定した無関心さという順機能ゆえに生じうる、人々の無能力を考え併せねばならないことを意味する。こうした体系の適応ないし調整を減ずる意図せざる結果がもたらす人々の無能力を、前述の Merton（1949）の枠組みに照らし合わせるならば、システム信頼における逆機能と捉えることができるのではないだろうか。人々の無能力という逆機能は、Giddens（1990）の言葉を借りるなら、システム信頼は通常、人々が自ら完全に点検できない専門家知識の信憑性に置かれ、その要件は人々の情報の欠如にあることに起因するゆえ、不可避といえるのかもしれない。この逆機能は、システムの適応ないしは調整を減じるような結果が生じるまでは潜在化しているが、いったん発現した後は、顕在的逆機能として人々に認識され、対処を迫られることとなる。

三、理論と現象の接合

これまでみた信頼の既往研究をもとに、前述の三つの論点をここで検討する。第一に、主体と対象にはどのような関係が理論上、見出されるのか。

Luhmann（1979, 1988）に従えば、主体は複雑性とともに生活し、行為する人々であり、対象は科学者などの専門家システム、政府による政治システム、電力会社といった企業システムと考えられることから五つの言説で扱われているのは、システム信頼に相当するといえる。ここで両者の関係をシステム信頼の位相とするなら、人々はシステムの存続に対する期待を寄せるものの、すべてを見通したり決定的な影響を及ぼしたりする能力をもたないことになる。ただし、そこでは慣れ親しんだ世界を基礎とすることから、人々が生活世界のなかで慣れ親しんでいないもの（原子力発電関連の専門家システム、政治システム、企業システムといった諸システム）を慣れ親しみのなかに再導入するプロセスが信頼形成の前提となる。その際の生活者を注視するなら、彼らが生活世界のなかで諸システムの何を見て、何を思い、どう感じたのか、そしてどのような期待を託したのか、という内的過程が生じたことになる。もしも、そのプロセスのどこかに取りこぼしたものがあったとすれば、そこに福島原発事故をめぐる信頼の問題が潜んでいる可能性が考えられる。

第二に、信頼、信用、安心の概念はどのような関係にあり、どのような差異をもって説明しうるのか。Luhmann（1988）に従えば、信頼とは複数の選択肢の中からの選択であり、リスクを引き受けるという内部帰属が求められるのに対し、信用とは選択が不在の状況下にあり、不本意な結果に対して他者に原因を求めるという外部帰属により処理される。前述の言説分析の結果から、かつてあった信頼が崩れたと専門家はみていることを示したが、Luhmann（1988）の二分法に従うなら、福島原発事故以前の生活者による諸システムへの期待とは、果たしてリスク負担の意識に根ざしたものであったのだろうかとの疑問が生じる。もっとも、原発施設誘致は多少なりとも人々の選択の結果であることからすると、Luhmannの言う選択が不在の信用の関係にあったと捉えるのも難しいようである。

ここで、日本の集団主義社会は安心に重きを置くものとする山岸（一九九八年、一九九九年）の議論に立ち戻るなら、福島原発事故以前の生活者と諸システムの関係は、原子力関連諸システムの利益を優先した方が生活者にとって利得になるという心の状態を基礎とするものであったと捉えることができるのではないだろうか。前述の専門家の言説からすると、事故前後ともに両者の関係は信頼を基礎に論じられているが、福島原発事故がもたらした膨大な被害をもって初めて、信頼の一類型としての「安心」の関係から、リスク負担を伴い、人間性や行動特性に根差した原義の「信頼」（狭義の信頼）の関係が問われるようになったと言えまいか。このようにしてみると、福島原発事故前後で諸システムに対する生活者の信頼の形態が質的に変容したという仮説が生まれる。

その際、Giddens（1990）の信頼の捉え方にも着目しておく必要がある。彼は信頼を、信用と信仰の中間的で持続的な状態としながら、信用よりもより主観的かつ感情的な期待と捉えていた。簡略化するなら彼の言う信頼とは、いわば客観的合理的側面と主観的感情的側面を併せ持った期待といえる。この説に従うなら、後述の論点とも重なるものではあるが、原子力関連諸システムに対する人々の信頼は、科学技術等に基づいた合理的側面のみならず、ある種の神話性を通じた感情的側面によっても下支えされてきたことを意味するといえよう。

第三に、信頼を得る（取り戻す）うえで、生活者と原子力関連諸システムとの相互関係はどのように論じうるのか。

まず信頼の対象としての原子力関連諸システムにとっては、山岸（一九九八年）の枠組みからすると「能力に対する期待としての信頼」と同時に、「意図に対する期待としての信頼」を担保することが求められているといえる。後者については、安心から原義の信頼にもとづく関係への修正を志向するのか、それとも福島原発事故以前の安心の関係を維持しようと働きかけるのかについても、選択の分岐点にあったといえる。そして諸システムは、科学技術等に基づいた合理的側面のみならず、ある種の神話性を通じた感情的側面をもって人々へ再び働きかけることも問われている。

一方で生活者は、信頼の一類型としての安心の関係を求めるのか、原義の信頼を構築しようとするのか、諸システムと同様に選択の分岐点に置かれたといえる。もっとも人々は原発再稼働を掲げる政府を選択したからには、システム信頼の逆機能に眼を向ける必要がある。前述のとおり逆機能とは、システム信頼によって生じる人々の無関心さゆえにもたらされる無能力を意味しており、福島原発事故を契機に生活者はいかに原発施設や放射線について無知であったかを目の当たりにした。自衛のための情報を得ようとの変化が生活者には生じるなどの「関心」は一時的に喚起されたものの、これをいかに持続させるのか、そして諸システムに対する人々の無能力を克服することは可能なのか、という問題は今もなお残されたままである。

Giddens（1990）が指摘しているように、信頼のメカニズムは単に一般の人々と専門家集団との関係にのみ関わるのではなく、抽象的システムの内側の人々との活動とも密接に関係する（p.87）。抽象的システムに対する人々の信頼は、多くの場合、そうしたシステムに責任を負う人間や集団との出会いを必要としており、彼はこうした出会いの接点をアクセス・ポイント（access points）と名づけながら、「顔の見えるコミットメントと顔の見えないコミットメントとが交わる場（meeting ground of face-work and faceless commitments）」（Giddens, 1990, p.83）と強調する。このアクセス・ポイントは、抽象的システムにとって外部に開かれているがために攻撃を受けやすい個所（places of vulnerability）となるものの、「同時に信頼を維持したり、確立したりしていくことが可能な接点」（Giddens, 1990, p.88）となりうるという。そのような場における、より多くの生活者による知識の積み重ねと注意深い関与によって、無関心さによる無能力という逆機能に対処する道が拓かれるのかもしれない。

おわりに

本章は信頼の概念を手がかりとし、現象と理論の接合を試みながら福島原発事故がもたらした生活者と原子力関連諸システムの相互関係の解釈のひとつを示した。ここでの仮説は、諸システムに対する生活者の信頼の形態が事故前後で質的に変容しており、両者に選択の問題が生じたというものであった。一つの可能性は、信頼の一類型としての事故以前の「安心」の関係が維持あるいはむしろ強化されるというものである。その際、生活者はリスクを負うこともなく、原子力発電による豊潤な電力供給および発電所設置地域での多様な恩恵という身入りをあてに損得勘定に根差す安心の関係の継続を志向するのかもしれない。もう一つの可能性は、原義の「信頼」の関係を形成するものである。もっとも、そのプロセスは容易ではなかろう。多様な立場にある生活者らと諸システムとの関係は一律ではなく、それぞれの生活世界の慣習や風土にもとづく信頼関係を醸成するのは並大抵でない。また個々の生活者が期待を裏切られた際のリスクをどの程度引き受けるのか、その覚悟も求められるとともに、諸システムにとっても能力と意図に対する期待を担保しながら人間性に根差した関係を志向せねばならないからである。

その際、本章で試論として示したのは、原発再稼働に伴い、原子力関連諸システムに対するシステム信頼から生活者は逃れられないとしても、無関心ゆえの無能力という逆機能に対峙することの重要性であった。福島原発事故を契機に原子力関連諸システムの逆機能が顕在化したことにより、原発施設および放射線等に関する情報は部分的にではあるが当初、多くの人々に蓄積されたようである。しかし、その一方で、福島原発事故によって生じた諸問題は当事者となった生活者以外にとって、徐々に風化しつつある傾向も否めないのではないだろうか。そして次々と原発再稼働が進められる今日にあって、原子力関連諸システムについて生活者が必要とする情報はますます膨大なものとなっており、その欠如に起因する無能力を克服することはそもそも不可能なのかもしれない。それでも生活者は諸システムを受容しつつあるからには、システム信頼の逆機能にこれからも対峙し続けなければならない。その際の一つのアイデアは、Giddens（1990）の言う「アクセス・ポイント」を、生活者が実践的知識の獲得の場として経験することにあるといえる。さらに言えば、そうした場において、原子力関連諸システムに責任をもつ内側の人々と生活者が、Luhmann 流にいえば「慣れ親しみの世界を基礎とする人間相互間の信頼」の関係にいわば立ち戻ることによって、言葉を換えるなら、生活者の影響力を超えた「社会システムのアイデンティティ」ではなく、生活者が影響力を維持可能な「顔見知りの人間のアイデンティティ」との関係を形成することによって、継続的な「関心」が喚起されるのかもしれない。

［謝辞］　本章は科学研究費補助金（15K03606）および（26380465）の成果の一部であり、『経営哲学』（Vol.11, No.1, pp.152-156）に掲載された拙稿を発展的かつ大幅に加筆・修正したものである。

注

（1）　五つの言説は、以下の要領で抽出した。二〇一三年五月四日にYahoo Japanの提供するWeb検索エンジンにより「福島原発事故×信頼」によってテクストを抽出し、発話者の言葉が忠実に反映されている可能性の高いテクストを探すため、「インタビュー」の語句を追加した（約一〇三万件）。うち大手メディアの提供するテクストを抜粋し、ヒット率の上位一〇〇件余りを精査するなかで専門家による一人称の談話と捉えられるものを取り出した。

（2）　出所は以下のとおりである。言説1：週刊ダイヤモンド（二〇一一年九月一六日掲載）、言説2：NHK-BS1 ワールドWaveモーニング（二〇一一年三月一二日放映）にもとづく内容記録（http://chiko123.blog.fc2.com/blog-entry-485.html）、言説3：朝日新聞デジタル（二〇一二年八月二日〇三時〇〇分掲載）、言説4：朝日新聞デジタル シノドス・ジャーナル（二〇一三年〇二月一四日掲載）、言説5：朝日新聞デジタル WEB RONZA（二〇一三年〇三月一二日掲載）。

（3）　ソシュール言語学（Saussurean linguistics）の鍵になる概念は「記号」であり、記号には指示されるもの（概念）と、指示する際に使われるもの（語られる音声）とがあり、前者は「所記（signified）」、後者は「能記（signifier）」と呼ばれる（Burr, 1995, p.36）。両者の関係は慣例にすぎず、我々は言語の助けを借りて、世界を恣意的なカテゴリーに分割している。言語は社会的実在を反映するのではなく、能記と所記の体系（言語の構造）による差異に基づいて構成される意味によって、我々の概念空間を切り分ける、枠組みをもたらすものとされる。

（4）　発話行為理論は人間の社会的慣行としての言語に注意をひきつけ、記述的というよりも機能的なものとして言語をみる。またエスノメソドロジーは「人々（ethno）」によって用いられる「方法の研究（methodology）」との意であり、談話が相互作用の内部でもつ機能と、それが成し遂げる効果に注目する（Burr, 1995, pp.115-116）。

（5）　Burr, 1995, pp.49-50.

（6）　Burr, 1995, pp.160-167.

（7）　例えば、心理学研究レポートが採用する受動態形式は、心理学の伝統的概念に必要な客観性のイメージを構築するうえで役立っている（Burr, 1995, p.165）。

（8）　Burr, 1995, pp.168-171.

（9）Burr, 1995, pp.171-174.
（10）田中（二〇〇四年）によると、英国の社会心理学者の Margaret Wetherell などが該当するという。
（11）Burr, 1995, pp.175-177. また作道（二〇〇二年）は解釈レパートリーの一例として、ある高校教師のライフヒストリー研究において、「〜してあげる」という口癖に擬似的な「親子関係」モデルが教師側に根強いという結果を挙げている。
（12）Burr, 1995, pp.182-183.
（13）Fairclough, 2003, p.8. ちなみに、ここでのテクストには新聞記事のように書かれたものからテレビ番組、ウェッブページなど言語使用の実例すべてを示すほか、視覚イメージや音響効果も含まれる（Fairclough, 2003, p.3）
（14）Wodak and Meyer, 2001, p.10.
（15）Fairclough, 2003, pp.23-24. ディスコースには抽象名詞、可算名詞があり、それぞれの意味がある（Fairclough, 2003, p.26）。前者は社会生活の要素としての言語や他のすべての記号現象を指し、後者は世界の一部を表象する特定の方法を意味するという。
（16）Fairclough, 2003, pp.36-37.
（17）Wodak and Meyer, 2001, p.56.
（18）Fairclough, 2003, p.10.
（19）Luhmann, 1979, p.15.
（20）Luhmann, 1979, p.33.
（21）Luhmann, 1979, p. 37.
（22）Luhmann の言う社会システムは有機体、機械、心理システムと同じ位相にあり、社会、組織、相互作用からなる。
（23）Luhmann, 1988, p.98-99.
（24）Giddens, 1990, p.84.
（25）Giddens の翻訳書（松尾精文・小幡正敏訳『近代とはいかなる時代か?』而立書房、一九九三年）では confidence を「確信」と邦訳しているが、信頼や信仰と並列に置かれていること、また Luhmann（1988）での文脈を踏まえ、本章では「信用」の訳語で統一した。
（26）Giddens, 1990, p.32.
（27）Barber, 1983, p.14.
（28）Barber, 1983, pp.19-21.
（29）山岸、一九九八年、三八-三九頁。
（30）山岸、一九九九年、四六頁。
（31）山岸、一九九九年、二一一-二一三頁。
（32）Luhmann, 1964, pp.72-73.

第五章　リスク・コミュニケーションの現状とその可能性

――「福島原発事故」の社会的合意形成を目指して――

石井泰幸

はじめに

二〇一一年三月一一日の東日本大震災による福島原発事故は、わが国の原子力発電事業の方向性を不透明なものにさせてしまった。その結果、福島原発事故以降、原子力発電事業の問題は何の進展も見せてはいない。

この原因は原子力発電事業に関係する専門家とその原子力発電事業の場に生きる生活者との話し合いの場がまったく持たれていないことにあるが、これは原子力発電事業の専門家とそれに反対する生活者との関係がより深刻になったことに加え、原子力発電事業に賛成であった生活者との関係も断絶してしまったことを意味している。

アメリカでは既に原子力発電事業でリスク・コミュニケーションが機能し、専門家と生活者との間に社会的合意が形成されている。しかし、わが国においてはこのリスク・コミュニケーションは機能していない。

そこで、この原因を社会運動に身を置き、民衆の思いを統合しようと試みたM. P. Follett[1]と現在福島原発事故に身を置いている桑子敏雄[2]に依拠し、分析していく。

その上で、本章では、わが国に適合したリスク・コミュニケーションを検討し、この原子力発電事業における専門家と生活者との新たな協働の可能性を明らかにしていく。

第一節　リスク・コミュニケーションについて

一、リスク・コミュニケーションとは何か

リスク（risk）は一般的に「危険」と訳される。また、そのリスクの類似する用語として、それぞれ学問領域により用途はことなるが、ハザード（hazard）、クライシス（crisis）、ペリル（peril）などがある。このリスク・コミュニケーション[3]でのリスクとは、全米研究評議会[4]（NRC：National Research Council）によると「一人では避けることのできないこと」と定義される（National Research Council, 1989, pp.19-23, 三-五頁）。
具体的には、リスクについてNRCは「人や物に対して、害（harm）を与える可能性がある行為ないし現象」であるハザード（hazard）として考えており、また、そのリスクを「ハザードの起こりやすさ、ハザードの期待値」といった尺度、つまり被害の生起確率と被害の重大性の積として考えている。[5]
NRCは以上のリスクの考えに依拠し、リスク・コミュニケーションを「個人、機関、集団間での情報や意見のやりとりの相互作用的過程」と規定し、そのリスク・コミュニケーションが成功した時に「リスク問題に関わってリスク・コミュニケーションをした人たちが、どちらも自分の意見が十分言えた、自分の意見は十分聞いてもらったと満足する状態ができたら成功である」と定義している。

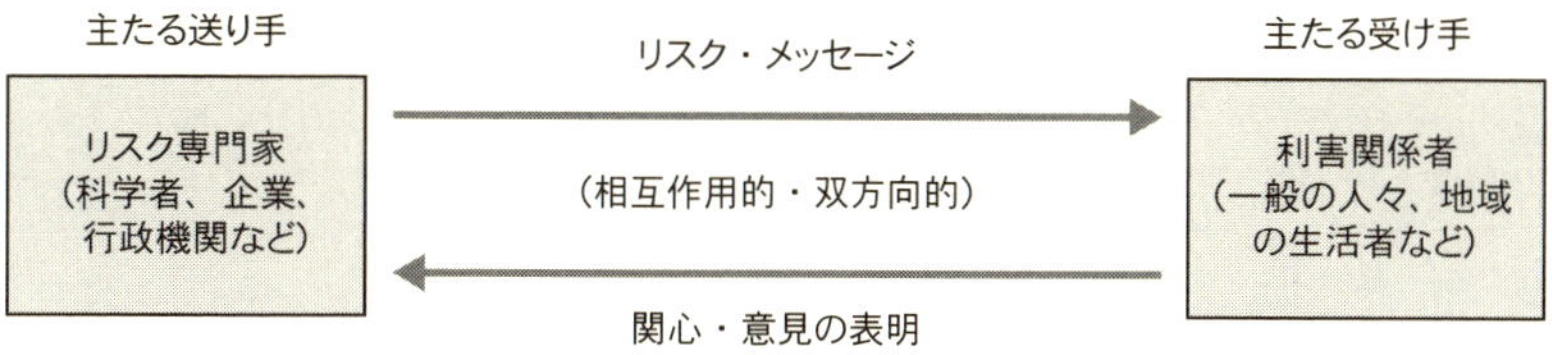

図5－1　National Research Council が定義するリスク・コミュニケーション

（出所）吉川肇子の図を参考に筆者が一部修正。

ここでの特徴は、その相互作用過程に二種類のメッセージが含まれているということである。一つは、リスクの性質についての様々なメッセージ（risk message）であり、もう一つは、リスク・メッセージに対するまたはリスク管理のための法律や制度の整備に対する関心、意見及び反応を表現するメッセージである。

前者のリスク・メッセージは文字に書かれたものもあれば、聴覚や視覚に訴えるものもあり、またリスクを低減するための指示情報も含まれる。これは双方向的なリスク・コミュニケーション過程にあって、送り手から受け手へと一方向に伝えられるものである。

一方、後者のメッセージは、企業や政府がリスクを管理しているかについて住民が関心を持っていると表明し、あるいはリスクの問題について一般の人々が賛成や反対を表明することである。これは、受け手から送り手への情報の流れであり双方向の関係を示すものである[6]。

そこで原子力発電事業に関わる専門家と地域の生活者との関係を、ＮＲＣが定義するリスク・コミュニケーションの考え方に依拠し、また、送り手と受け手で説明した吉川（一九九九年）の考え方を参考に規定する（図５－１）。

二、リスク・コミュニケーションの理念と限界

前項で確認したＮＲＣのリスク・コミュニケーションで相互作用的・双方向的に繰り返されるリスク・メッセージとそれに応える関心・意見の表明のメッセージの深化

は、必ずしも正しい決定やより良い決定に結び付くということを保証しているわけではない。

Keeney and von Winterfeldt はリスク・コミュニケーションの目標と戦略を次の六つにまとめている（Keeney, R.L. and von Winterfeldt, D., 1986, pp.417-424）。

(1) リスク、リスク分析（risk analysis）、リスク管理（risk management）についてよりよく教育すること。
(2) 特定のリスクについて、またそれらを低減するための行動について、人々に十分に知らせること。
(3) 個人的なリスクを低減する手段を奨励すること。
(4) 人々がもっている価値や関心についてよりよく理解すること。
(5) 相互の信頼（trust）と信憑性（credibility）を促進すること。
(6) 葛藤や論争を解決すること。

Keeney and von Winterfeldt がこの六つの目標と戦略を掲げたのは、リスク・コミュニケーションの背景には、専門家が生活者にリスクをリスクとして正しく伝えていくことが果たして本当に生活者とのコミュニケーションを促進させていくのかといった限界があったからである。

そこでリスク・コミュニケーションを円滑かつ効率的におこなうために、Keeney and von Winterfeldt は、この六つの目標と戦略を専門家らは持つことが必要であると述べている。というのも、この六つの目標と戦略を掲げることで生活者に対し、このリスク・コミュニケーションが有効であることを示すことができ、また、生活者からも関心を得ることができるからである。加えて、このリスク・コミュニケーションの場に、多くの生活者らが積極的に参加しなければ、リスク・コミュニケーションが成立しないからでもある。

また、Stallen and Coppockは、専門家はリスク・コミュニケーションを成立させるために「四つの義務（imperative）」を果たさなければならないと主張している（Stallen, P.J.M. and Coppock, R., 1987, pp.413-414）。

（1）実用的義務：危険に直面している人々は、害を避けられるように、情報を与えられなければならない。

（2）道徳的義務：市民（citizen）は選択を行うことができるように、情報に対しての権利をもつ。

（3）心理的義務：人々は情報を求めている。また、恐怖に対処したり、欲求を達成したり、自らの運命をコントロールするのに必要な知識を否定するのは不合理なことである。

（4）制度的義務：人々は、政府が産業リスクやその他のリスクを効果的（effective）かつ効率的（efficient）な方法で規制することを期待している。また、この責任が適正に果たされていることの情報を受けることも期待している。

吉川は、このStallen and Coppockの四つの義務が果たされず、そのために本来あるべきリスク・コミュニケーションが実現されていないと指摘している。その理由は次の二つにある（吉川、一九九九年）。まず、リスクを伝えることで生活者がパニックをおこすなど、生活者がそのリスクの意味を理解することができないという理由で、専門家がこの四つの義務を果たす意思を持たない場合である。また、専門家が生活者に対し四つの義務を果たす意思があったとしても、リスク・コミュニケーションを実現する技術が欠落しているためにその推進を阻んでしまう。そのため真のリスク・コミュニケーションが実現されないということである。

実際、この度の福島原発事故をこの四つの義務に照らして考えると、前者が大きく影響していることがわかる。政府を始めとする原子力発電事業の専門家は、生活者に示すべき情報をパニックが起こるなどの理由で開示しなかった。それは、まさに専門家がリスク・コミュニケーションを実現する技術を知らなかったからである。

以上から、福島原発事故、及び、原子力発電事業問題を解決するわが国のリスク・コミュニケーションは実現しえず、現在専門家と生活者が断絶しているのもこれが一因となっている。

第二節　Follett の統合理論からみた生活者

本節では、社会運動に身を置き、民衆の思いを統合しようと尽力した Follett（1918）に依拠し、生活者に光を当てリスク・コミュニケーションの可能性を探っていく。
Follett は社会で引き起こされている対立に対し、善悪の視点で考えることはせず、むしろ双方の考え方を統合していく意味で対立は利用すべきだとした。これは Follett がいう建設的対立の考え方であるが、その建設的対立を経て、双方の対立は統合へと収束していくのである（Metcalf and Urwick, 1941, pp.28-34, 四一-五一頁）。だからこそ、この Follett のいう建設的対立は、現在膠着状態にある福島原発事故だけでなく原子力発電事業問題にも新たな可能性を見出すことができるのではないかと考える。(7)

一、原子力発電事業と地域

ここで、Follett の統合についてより深く理解する意味で、原子力発電事業と地域との関係を確認する。

原子力発電事業とはもともと地域振興に寄与するものであった。したがって、原子力発電所を設置することは、地域の生活者にとっては大きな効果をもたらすものであり、その意味で、原子力発電事業は地域の経済的基盤をつくる大きな原動力となっていったのである（井上、二〇一四年、四三-五一頁）。建設場所もそのほとんどが過疎地域であり、そのため一九七四年に「電源三法交付金（原子力発電所設置に関し、地域社会との共存共栄が図れるようになり、次の三つの法律が制定された。「電源開発促進税法」、「電源開発促進対策特別会計法」、「発電用施設周辺地域整備法」）」が支給され、それぞれの自治体がこの交付金の恩恵に与れるようになった。

また、原子力発電事業は、「原子力は安全」、「日本の原子力技術は優秀」という言葉（高木、二〇一一年、一三二–一五六頁、二四〇–二五〇頁）が流布される程、二〇一一年の東日本大震災が起こる直前までは、たとえ様々な諸問題があったとしても安全を確保し、地域の生活者から信頼を得ていた。同時に、地域も経済的に豊かになり、生活者にとって原子力発電事業は大きな支えとなっていった。また、専門家と地域の生活者らがそれぞれの領域を超え、地域の生活者も原子力発電所の一員になることで、彼ら自身も原子力発電事業の安全・安心を自らの手で実現していこうと考えるようになっていったのである。

二、社会的過程とはなにか

前節で述べた通り、原子力発電事業は安全・安心といった認証を地域から得て、また、地域経済を担い、過疎化の歯止めにもなっていった。その意味で、二〇一一年までは、原子力発電事業は地域に根付いた産業であったのである。

しかしながら、ここに行きつくまでの原子力発電事業と地域との関係は決して順風満帆ではなかった。特に、わが国は二度に亘る原子爆弾の被弾により原子力に対し特別な思いがある。したがって、議論も全国的な広がりの中で熾烈を極めた。地域においても決してすべての生活者から了解を得たわけではなく、専門家と地域の生活者が相互に話し合い、双方の関係を深めていった。これは、前述の建設的対立の結果であり、その意味で、Follettの統合の過程と一致する。

Follett の統合とは、対立に対し、強力な力をもって抑圧することではなく、安易に妥協することでもない。また、その統合により Follett は人々が個人的な満足感や幸福感をも得られるとした。そして、この人々の個人的な満足感が集団的な満足に転化されると、これまで対立の火種になっていた問題すらも霧消してしまうというのである（Follett, 1918, pp.31-32, 二八-二九頁）。

その意味で、統合を実現するには建設的対立をもって双方が意見をさらけ出し、自らの意見と相手との意見とを比較し再検討する。さらに、相手がどのように思って行動するかを考え、その上で自らの意見を決めていくのである。[8] そして、この対立を越えた統合を実現できた時、人々は集団を形成し、集合的思考と集合的意思とを発展させる過程をなす。これを Follett は社会的過程（Follett, 1918, p.33, 三〇頁）と定義した。

それは、原子力発電事業においては、専門家と生活者との熾烈な意見交換である「作用と反作用の過程」であり、その結果として生み出された専門家と生活者との二〇一一年以前の「相違を生み出す単一かつ一体化の過程」ともいえる。また、それにより「諸々のものを一つの統一体に統合するもの」として原子力発電事業による地域といった集団が生み出されたのである（Follett, 1918, p.33, 三〇頁）。加えて、社会的過程は集団を分断する暗示行為や模倣におかされず、相互に意見を交換することができる、また、対立が統合化していく過程（Follett, 1918, pp.22-23, 一九頁）も意味する。

さらに、こういった過程を Follett は相互浸透の過程と定義した。その過程は、自他関係（self-and-others）ではなく、自他－他自形成過程（self-in-and-through-others）を意味する。したがって、社会的過程とはこのような相互浸透の法則を実践し、統合を実現する場であって、その社会的過程が地域を構築していった。（三戸・榎本、一九八六年、一六五-一六七頁）。そして、リスク・コミュニケーションの前提となる相互作用は社会過程の中で原子力発電事業に関わる地域においても実現されていったのである。しかし、その社会的過程は二〇一一年を契機にその機能を失い、専門家と生活者との関係は寸断された。[9]

三、集団からみた地域の生活者

では、次にこの社会的過程の寸断された生活者の状況をFollettの「群衆と集団（Follett, 1918, pp.85-87, 八三-八五頁）」の考え方に依拠し考えてみたい。

これまで専門家と地域の生活者は相互に話し合い、互いに理解を深め社会的過程を構築してきた。その結果、先に述べたように様々な問題があったとしても、その問題を地域の生活者の理解の上で双方が共に考え解決してきたのである。このように相互に意見交換をし、統合化を実現できる人々をFollettは集団と呼んだ。その意味で、これまでの原子力発電事業の専門家と地域の生活者の関係は集団だったといえよう。また、Follettはこの集団の実現のためには「思考を刺激する」といったような他者の相違を受け入れていくことが繰り返されると し、言い換えれば、これまでの専門家と地域の生活者との間には、互いの相違を無にする満場一致を目指したのではなく、異なる意見を調和させていくようなハーモニーが奏でられていたといえる。

つまり、これは専門家と生活者との苛烈な議論が端緒になり、専門家が生活者の疑念を払拭すべく努力し、その結果、原子力発電事業の専門家が安全・安心を実現しようと試みたこと、同時に生活者も原子力発電事業に関わってきたことを意味している。

しかし、Follettは、この集団に対して、群衆といった考えも示している。群衆とは、暗示などにより、全員が同じ感情をいだく大衆である。[10]

現在、わが国の放射能に対する考え方は、これまでの考え方と大きく変化しているといえる。[11] 前節で確認した通り、現在わが国では、原子力発電事業の信頼は失われた状態にあり、それにしたがい国民全体が放射能に対し過敏になってしまった。

つまり、それが現在のわが国の放射能に対する認識であり、結果として地域の生活者にも放射能は脅威として暗示化されたのである。これは、あくまでも専門家の責任であって決して生活者の責任ではない。

しかしながら、改めて考えると、専門家と生活者との間で現在話し合いの場が持てないのは、前述の通り異なる意見を調和させていくハーモニーが両者の間で奏でられないのであって、集団が築けないことに他ならない。この断絶した関係を修復するためには、これまで以上に専門家は生活者に対し、不断の努力をする必要があろう。そこでもう一歩踏み込み、このFollettの集団について考えてみたい。

四、生活者としての近隣集団と職域集団

原子力発電事業問題の解決には地域の社会的過程を築くことが前提となる。そのためには専門家と生活者が相互浸透の法則を実現できる手立て、つまり、地域として統合できる可能性を探る必要がある。これは地域が「有意義な統一体」になること、また、「身近な諸目的のために一緒に行動する」ことであり（Follett, 1918, pp.204-205, 一九七頁）、自覚的にコミュニティ・センターを確立していくことを意味する。[12] これがFollettの近隣集団（Follett, 1918, p.191, 197, 一八四、一九〇頁）の定義である。

しかし、この近隣集団を実現するには、リーダーが必要となる。そのリーダーには、集団を統合する力が求められる（Follett, 1918, p.229, 二二三頁）。このリーダーの力によって、集団は構築され、特に、近隣集団へと変化していくのである。つまり、こういった実際に定期的に人と交流していく行為こそが「有効的実在がもつ刺激的感覚」を生み出していくとFollettは述べている（Follett, 1918, p.187, 一九二頁）。したがって、この行為によってこの感覚が近隣集団であれば、隣人に対し疑惑が信頼に変わると示唆しているのである（Follett, 1918, p.234, 二二九頁)。

また、この原子力発電事業に展開される地域にはもう一つの集団も存在する。それは原子力発電事業に従事し、さらにその場に生活し近隣集団の一員でもある職域集団（Follett, 1918, pp.320-322, 三一四-三一五頁）である。この職域集団は専門家でもあるが同時に生活者でもあることを意味する。そして、この原子力発電事業での職域集団の規模は決して小さなものではない。特に、地域にある原子力発電事業の専門家は、二次、三次の関係者またそれ以上を合わせれば相当の規模になる。だからこそ、この原子力発電事業の職域集団を考えることは重要なのである。

Follettは、この近隣集団と職域集団との関係を集団組織の中心的な問題と捉え、しばしばこの二つの集団が対立関係になる可能性があるとしている。とはいえ、Follettは、この二つの集団に対し、それぞれの集団の利点をあげ均衡をとることも否定している。それは、Follettがそれぞれの集団が双方の統合を望む客観的価値の出現や近隣集団において統合を成すための部分的な修正が見出されるからである。

しかし、Follettはそこには「真の有効性を与えてくれるようにする調整の場が出現しなければならない」とも述べている（Follett, 1918, p.320, 三一四頁）。

このように考えると、その職域集団は実は生活者で構成される近隣集団を成すものであり、その意味で、この職域集団と近隣集団との関係の如何によって原子力発電事業問題は益々深刻になる可能性がある。だからこそ、真の有効性を与えることができる調整の場が求められるのである。

第三節　福島原発事故と環境思想

本節では、福島原発事故に身を置き専門家と生活者との社会的合意を促している桑子敏雄[13]の環境思想から、専門家への責任を考えていく。

一、生活者と環境思想

私たち人間は自らの生を自らの意思で選択することはできない。つまり、自己の存在は「所与」として、自己以外の他者から与えられたものなのである。しかし、私たちが自らの行為を「選択」できるのは、成長し、その成長過程で知能を得る時である。そして、その上で人間は初めて様々な行為を選択していくのである。そのように考えると、人間の生は所与と選択の間で営まれ、さらには、「遭遇」といったとめどとなく流れる時間を根源とした領域に踏み込んでいくのである（桑子、二〇一三年、一〇-一一頁）。とはいえ、人間とはすべて与えられたものではなく、またすべて選択できるものでもなく、人間は身体的存在として時間と空間のうちにある。つまり、人間は成長過程で育んできた思想を糧として行為し、選択するのである。その意味で、私たちは環境に対し他者がまず空間に対してどのような解釈をしているのかを学ばなければならず、桑子はこれを環境思想と呼んだ。

さらに、桑子はこの環境思想の方向性について次の三つ（桑子、二〇〇六年、二〇〇-二〇四頁）をあげている。

(1) 環境思想を文字化された知的資源から考察するだけでなく、風景に身を置いて、空間に刻まれた情報を読み取ること
(2) 「乗り越え主義」による思想研究を捨てること
(3) 分析型、批判型の思想研究から提案型の研究に移行すること

桑子はこの環境思想の特徴として、まず、環境に対する人間の行為の方向付けを明確にすること、次に、環境は行為によって影響を受け変容すること、また、人間的行為によって変貌した環境が人間の生存条件を制約していくと述べている。

その上で、この桑子が示す環境思想の三つの方向性から福島原発事故を確認すると、(1)からは、客観的事実のみに依拠し、原子力、特に放射能について述べるのではなく、その場に行き、福島原発事故について自らが認識していくことが重要であることがわかる。

(2)の「乗り越え主義」とは、わが国が歩んできた西欧を乗り越えていこうとする姿勢であるが、実際、私たちはこのような西欧が構築してきた近代的発想をどれだけ乗り越えたかを評価の尺度としてきた嫌いがあった。環境思想を考える上では、この乗り越え主義を捨て、現在目の前にある問題に対しどれだけ有効な解決策を構築できるかという点に評価の機軸を置くべきであり、だからこそ、この(2)からこの事故について私たちはわが国の伝統的な思想を解決の手立てとして再構成すべきであると考える。

そして、(3)からはこれまでの思想や哲学が行ってきた分析や批判を重視した姿勢をやめ、この事故の問題に具体的に提案ができる思想や哲学に転換すべきであると考えるのである。

以上から、福島原発事故のような混迷を極めている異例な事態では、桑子の考え方は有効である。実際、環境

が福島原発事故の最重要課題であるなら問われるべき「公共性」の概念にも新たな提案がなされるべきであり、それこそが本章の中心的テーマである合意形成やリスク・コミュニケーションにこの桑子の考え方が結び付いてくるのである。

二、想定外の環境思想

桑子はこれまでダムや高速道路などの多くの地域の紛争を解決してきた。しかし、桑子にとって東日本大震災、特に、福島原発事故は大きな衝撃であった。それはダムや道路での紛争で培ってきたものとは異質なものであったからである。

そこで、桑子は二つの問題意識を持つに至った。まず、「人間の存在を支える空間としての環境」、「その中で営まれる生命のありよう」が人間にとってどのような意味を持つのか。次に、責任ある立場の人間、つまり専門家が「想定外」と語った行為についてである。それは専門家が福島原発事故に対し、「事故は想定外であった」、さらに「自分達は安全神話の中に陥っていた」と語ったことである[14]。

桑子はこのように専門家が福島原発事故について語ったことを言説と呼んだ。言説とは一般的に意見を述べ物事を説明することであるが、制度や権力と密接に結びつき、対象に特定の意味を付与するだけでなく、その対象さえも創造してしまうことにもつながる。

その意味で、専門家が、自らの科学技術的言説、政治的政策的言説が誤っていた時、それを神話的言説で釈明したことは看過できず、まして、その神話を本当にあったかのように曖昧な言説に包み込んでしまったことは桑子にとっては驚きであったのである（桑子、二〇一三年、一六-二一頁）。

ここで想定外について考えると、想定外とは「事故が起こる可能性について考えていたが、この福島第一原子力発電所においては事故の起こる対策をしていなかった」か、また、「全く考えていなかった」かのどちらかである。しかし、最先端の科学を扱う専門家としてはこの発言が倫理的責任を問われる問題につながる可能性をもつ。

もう一つが、「神話のなかに陥っていた」という言葉は、この福島原発事故により反証されてしまった。それも「安全神話は誤りであった」と言わずに「安全神話の中で語った言説として語る」ということである。これは、本来語るべき科学技術的言説の真実を隠蔽したと桑子は厳しく言明している。

実際、桑子はこの国土に生きるものとして、特に予測を超える自然災害に対して常に地域には「備え、持つ」という思想があり、この思想が日本の国土の空間の履歴の中にしっかりと刻みこまれていると述べている。[15] また、これらの治水上の要衝地点には必ず出雲系の神社、とくに素戔鳴尊（すさのおのみこと）の鎮座する神社があって、葦原中国（あしはらのなかつくに）の建国者である素戔鳴尊およびその後の国づくりで国家経営を実現した大穴牟遅神（おおなむぢのかみ）こそは、日本の国土建設、国家建設を担った神々であった。因みに、大穴牟遅神は、偉大な国土経営の神という意味で「大国主神（おおくにぬしのかみ）」、あるいは、偉大なる魂の主という意味で、「大物主神（おおものぬしのかみ）」ともいわれている。[16]

ここから考えられることは、桑子が現実の紛争の中で神々の系譜と国土の風景に組み込まれた空間の履歴を辿ってきたのであって、だからこそ桑子は日本の国土の伝承には「安全神話」という神話は存在せず、むしろ「危機に備える神話」が根幹にあったとしている。つまり、危機に備えるための人間と環境の関係を語る思想こそ、わが国に蓄積された神話なのである。

さらに、この神話は危機を想定外に置く神話などでは無く、安全ではないことが忘れさられた時こそが危機であるという神話なのである。したがって、この神話から分かることは、私たちの祖先がこの国に対し、恵と脅威の両方を享受し、その中で危機に備えていたということである。

三、福島原発事故での専門家の姿勢

桑子のこれまでの社会的合意形成のポイントは、徹底した情報の共有と話し合いの実行にある。つまり、社会的合意形成にはディスクロージャといった情報開示や透明性の思想が必要なのである。その意味で、福島原発事故の顛末について、桑子は近代科学の到達したエンクロージャである囲い込み、封じこみの究極の思想であったと述べている。

ここで、福島原発事故の経緯について確認しておく。

- 原子力発電所を海岸沿いに建設したのは、冷却水のために海水が必要だったからである
- 地震が発生し、津波が起こった
- 津波の押し寄せる場所に原発を建設したために津波の被害にあった
- 津波が福島原発を襲い、原子力発電所は水素爆発した

また、福島第一原子力発電所の建設場所は、既に述べたとおり過疎地域への支援であり、小さな自治体に広く行き渡るようになっている。しかし、その一方でこのような原子力政策が推進できたのも、危険な放射性物質をコンクリートの容器の中に封じ込めて拡散させない技術の力への信頼に基づいていたのである。その意味で、原子力の安全神話の言説とは物質の拡散を防止することができる近代科学技術への信頼の言説であったと桑子は述べている（桑子、二〇一三年、一八六–一九一頁）。

だが、問題の核心の一つは、福島原発事故後の専門家のディスクロージャへの姿勢である。専門家が行ったことは、まずディスクロージャの忌避であった。これは情報の拡散防止を画策するもので、物資の拡散防止と全く別である。

このディスクロージャを忌避させる傾向は、開示された情報の下での民主的な決定を恐れる発言となり、「人々に過剰な恐怖感を抱かせる」、「パニックを誘導する」、「感情的な反応を引き起こす」という言説によって情報が囲い込まれた。他方、話し合いの場では、「やらせ」や「組織的動員」といった行為によって情報がコントロールされた。

しかし、海岸に押し寄せた津波はエンクロージャの文化の脆弱さを露呈したとし、その上でこの原子力発電事業問題の解決にはディスクロージャを行う思想が必要であると桑子は述べている。さらに、この思想が担っているのは国土管理の中にどれ程合意した民主主義のプロセスが実現できるかということであった。

実際、東日本大震災は地震と津波で多くの被害をもたらしたが、福島原発事故によって事態はより複雑になっていった。ここで、桑子が問題にしたのは先に述べたように専門家が「想定外」という表現を頻繁に用いた事態である。この想定外について、桑子は二つの問題が潜んでいると述べている。

一つは「想定できなかった」、そして、もう一つは「あえて想定しなかった」という言説である。

もし前者であれば専門家は自らの限界を認めたことになる。後者であれば、その本質的な意味は「想定すべきであった」のであり、そこに重大な倫理的過誤が存在していたことになる。ここには一見あたかも責任を回避できる根拠として想定外が使われているように思えるが、それこそが重大な倫理的問題なのである。

それは原子力発電所から生み出された高濃度の放射性物質や放射線による汚染が、人間の生命と地域及び地球の環境に重大な影響を及ぼすからであり、またこの問題が具体的にどのように解決されていくかが不透明であるからである。その意味で、桑子はこの問題に対し専門家の倫理的問題に言及せざるを得ないと指摘している。（桑子、二〇一三年、二三〇-二三四頁）。

四、専門家が目指すべき「倫理のまなざし」

福島原発事故による想定外という発想は、専門家と生活者との溝を深くさせた。桑子はこの深い溝を埋めることができる手懸りとして歴史の中の所与、選択、遭遇を語ることのできる倫理学を示している。

先に述べた通り、所与とは私たちが生を与えられたもので運命や宿命を意味し、また選択とは複数の選択肢から生きるための選択肢を選ぶことである。そして、遭遇とはある選択がある結果を生み出し、その連鎖の中から生まれるものであるとし、遭遇もまた所与と同様に運命や宿命を意味する。つまり、所与と遭遇とは運命や宿命に左右されるもので、倫理は選択によって左右される。

したがって、様々な事態が複雑になって問題が生じたとしても、私たちが倫理をしっかりと選択できる「倫理的まなざし」を持つことで新たな可能性を切り開くことができ、だからこそ、この倫理的まなざしには所与と遭遇と選択の理解が必要となる。その理解がなければ倫理思想・倫理概念、制度化された倫理ルールやガイドラインがあってもその倫理の実現は難しい（桑子、二〇一三年、二三〇-二三四頁）。

例えば、福島原発事故で起こった水素爆発は放射能を拡散させた。しかし、専門家はその情報を生活者に伝えなかった。これは専門家が事態の複雑性や問題の悲劇性を感受することができず、その意味で、桑子はその専門家に対し倫理的責任は免れることはないとした。したがって、専門家はこのように情報を操作してきたことについて徹底した反省が必要であり、情報の隠蔽や共有の抑制という行為は生活者の選択を恣意的に制限してしまうと桑子は指摘した（桑子、二〇一三年、二三〇-二三二頁）。

つまり、この専門家の問題は、平等な情報を享受することを不可能にしてしまうという意味で「不正義」という言葉をもって厳しく検討すべきであり、そういった前提が紛争を解決する出発点になる。そして、その上で専門家が倫理的まなざしを持ち、その倫理的まなざしが全体に広がることで専門家と生活者との溝は埋まっていくと桑子は述べているのである（桑子、二〇一三年、二三五-二三七頁）。

第四節　わが国に適合したリスク・コミュニケーションとは何か

リスク・コミュニケーションの限界について既にKeeney and von WinterfeldtとStallen and Coppockから確認したが、特に、Stallen and Coppockの「四つの義務」で指摘した専門家が生活者にリスク・メッセージを伝えることでパニックが起こると想定し、情報を伝えることを怠るとリスク・コミュニケーションは実現されないと指摘したことは、実は、福島原発事故においても同様な事態を生じさせた。

それは、前述の通り専門家が水素爆発による放射能の影響について伝えなかったことなどであるが、こういった専門家の行為はFollettのいう、地域を支える生活者との関係を密にする近隣集団という場をなくし、そのために生活者の互いの意見を深化させていく相互浸透の法則を阻害させ、その法則をなす社会的過程を断絶させるものである。

このように考えると、福島原発事故での専門家が生活者らに行ってきた様々な施策が、実は生活者の不信を招き、その結果、専門家が望む生活者との協働を阻害してきたのである。まさに、専門家は自らの陥穽に自らが陥ってしまったのであった。

ここで、改めて、桑子からコミュニケーション(17)について確認してみると、コミュニケーションは「心理」、「論理」、「倫理」の三つの要素で考えることができる（桑子、二〇一三年、一二四-一二八頁）。

この「心理」は、対立するもの同士がコミュニケーションを実現するためには互いの心理に対する配慮が必要であるとするものである。例えば、この度の福島原発事故であるが、専門家は生活者に生活者が望んでいない配慮を行ってしまった。そのため、それが現在の生活者が持つ専門家への不信となっている。だからこそ専門家は本質的な意味での生活者への配慮を行う必要があるのである。というのも、信頼とは不断の努力を永続的に行うことで築き上げることができるものだからである。

次に、「論理」であるが、論理は心理と並んで重要である。実際、合意を目指す前提は、情報の共有にある。つまり、徹底したディスクロージャを専門家が生活者に行うことで、こういった情報を送り手が対立する受け手に送ることは言語的行為といえ、だからこそ論理性といった技術が必要となる。それは、分かりやすさであり、それこそが専門家が担う情報を持たない生活者への責任でもある。そのためには、心理といった配慮を合わせた論理の考え方が重要である。

最後に、「倫理」である。既に倫理のまなざしで専門家が生活者へ対峙する必要性を確認したが、その倫理をコミュニケーションの一要素にあげる理由は人間の行為を規制する内面化された規範が必要だからであり、その意味で、合意形成にとって重要なのはどのような規範を意識しながら問題解決を進めていくかということである。加えて、倫理には、普遍的な要素とローカルといった地域的な面がある。福島原発事故においてもこの普遍的であり、同時に、地域的でなければ、福島原発事故への解決の道はより遠のいてしまうのである。

おわりに

ＮＲＣのリスク・コミュニケーションの考え方をわが国の原子力発電事業問題、特に、福島原発事故の解決に当てはめることは難しい。その理由として、専門家と生活者の間に話し合える場がないことがあげられる。

そこで、本章では Follett の統合の考え方と、桑子の環境哲学とを原子力発電事業問題を解く手懸りとした。Follett から生活者を、そして桑子からは専門家を分析した。そこで確認できたことは、専門家が生活者に対し原子力といったリスクを持つ事業に本質的な責任をとっていなかった点であった。

アメリカにおいて何故原子力発電事業でリスク・コミュニケーションが有効に機能するのか。その理由は、専門家の責任のあり方ではないかと考える。それはリスク・コミュニケーションの前提となる民主主義がしっかりと専門家や生活者に根付いているからだと考えられる。しかし、アメリカと日本では民主主義の手法も考え方も本来の意味で同じとはいえない[18]。したがって、日本の民主主義に適合した話し合いの場を私たちは持たなければならない。まして、キリスト教といった宗教観でわが国は物事を決定することはほとんどない。むしろ、私たちの物事の決定の背景には、道徳観、人間観さらには理念が影響している（Weber, 1893, S.252, 五八頁）。そのため、この道徳観や人間観また理念の根源を話し合いの場に据えることで、統合の可能性は築けるのである。

そこで、この道徳観や人間観の根源を福島原発事故に身を置く桑子の考えに依拠すれば、地域が持つ神社が手懸りとなる。それはこの合意形成を築く前提となる生活者の気持ちを収めるきっかけとなり、だからこそ桑子は、想定外や安全神話といった言説を説いた専門家らに対し強く反省を求めた。そしてその専門家の反省こそが生活者との話し合いの場をつくるきっかけとなるとした。その意味で、桑子は専門家に倫理のまなざしを持つことを投げかけ、生活者との関係を、コミュニケーションをもって行うべきだとしたのである。
改めて言えば、専門家はまず自らを反省し、倫理のまなざしをもって原子力発電事業に対峙することである。そして、それこそが情報の非対称性の優位性からなる専門家の欺瞞を打ち消す処方となり、生活者が専門家を受け入れる土壌を作ることにつながる。それは Follett の統合理論が社会過程を築く意味で生活者を集団に導くことにつながり、その専門家の倫理のまなざしが生活者に対し真摯に話し合いの場を持つ共通基盤を構築できる可能性を持つ。それが実現できたとき福島原発事故を解決するリスク・コミュニケーションがなされ、専門家と生活者に新たな協働を見出すことができるのである。

注

(1) Follett は、ソーシャル・センターで得た経験を活かし、民主主義の理念を観念論哲学から出発して、William James のプラグマティズムや、社会心理学に依拠して、集団形成を近隣関係集団論から職域集団論にわたって論じ『新しい国家』を上梓した(三戸・榎本、一九八六年、一二一頁)。
(2) 桑子は、「地を這う哲学者」として対立する地域に出向き、社会的合意形成を実現してきた。この度も「福島原発事故」の対立を治めるため、福島地域に出向き、社会的合意形成に尽力している。
(3) 既に筆者は、二〇一三年の経営哲学学会においてリスク・コミュニケーションについて報告した。その報告で、リスク及びリスク・コミュニケーションの定義の大枠を吉川肇子(一九九九年)に依拠した。
(4) NRCは全米科学アカデミー(National Academy of Sciences)が一九一六年に設立したもので、科学や工学研究の分野で業績をあげた学者らで組織されている。
(5) 吉川によれば、このハザードがリスクよりも多く使われることもあると述べている(吉川、一九九九年、一六頁)。
(6) 吉川は、このリスク・コミュニケーションの送り手と受け手の相互作用について、二つの留意点をあげている。まず、送り手と受け手は双方向の関係であり、送り手であるリスク専門家は情報を独占したり、専門家のニーズのみからの情報提供は正当なものではないとしている。また、NRCの定義の背景には、リスクにさらされている人々(生活者)に対しては十分に情報を提供し、その問題に対する理解を深めてもらう重要性を述べている(吉川、一九九九年、一九-二〇頁)。
(7) 吉川は、リスク・コミュニケーションについて様々な心理学及び社会心理学の先行研究を提示し、その上でその心理学及び社会心理学を活かすためには、現場の状況に合わせ、自らがどのようにそれらの理論を適応させていくか経験が必要だと述べている（吉川、二〇一二年、一五頁）。

（8）このFollettの相手の考えに対応し、自分の考えを決めていくことを、円環的対応という（Follett, 1941, pp.36-43, 五四-六三頁）。

（9）二〇一四年八月七日に行った日本原子力発電株式会社東海発電所のヒアリングから、未だに専門家と生活者との関係が修復されていないことがわかった。

（10）Follettは、暗示などにより全員が同じ感情を抱くことを群衆の法則といい、また、相互浸透により異なる意見を調和させていくことを集団の法則と考えた（Follett, 1918, p.86, 八四頁）。

（11）例えば、ラジュウム温泉等、ある程度の放射能を人間が浴びることは、人間の健康にとって良いと考えられていた時代もあった。

（12）つまりこの自覚的に作られたコミュニティ・センターのように、集団は主体的に自覚しなければ構築できないのである。

（13）桑子は、地を這う哲学者といわれているが、その理由は、人々の幸福や正義が脅かされる場に身を置かなければ、また、その上で思索するのでなければ、本当にその問題と対峙したことにはならないと考えているからである。

（14）桑子は、専門家を先端技術者、政治・行政担当者、電力事業の推進者としている。この点から考えると、桑子が専門家の説明を言説としているのは、専門家が原子力発電事業の高度の知識を持ち、その知識を持って生活者をコントロールしようとしてきた点にあるのではないかと考える。それは、専門家が想定外という考えを持って生活者に福島原発事故について説明をした点からも明らかである（桑子、二〇一三年、三-六頁）。

（15）その事例は、「筑後川水系城原（じょうばる）川ダム問題」、「斐伊（ひい）川水系大橋川周辺まちづくり」、「新潟県佐渡島天王川自然再生事業」などがある。

（16）葦原中国は、日本神話において高天原と黄泉の国の間にあるとされる世界、すなわち日本の国土のことである。

（17）コミュニケーションの認識については、一元化されてはいないので、ここでは、桑子の考えに依拠する。

（18）アメリカが自ら勝ち取った民主主義と、第二次世界大戦後にアメリカ指導のわが国の民主主義では言葉が同じであっても手法、考え方は同じとはいえない。

第六章　原子力発電の安全性に係るアカウンタビリティへの接近
――東日本大震災後の東京電力の事例の解釈を通じて――

坂井　恵

はじめに

3・11大地震・津波によって未曽有の放射能漏れ事故が発生してから、わが国の原子力発電業界は混迷を続けている。二〇一五年六月に将来の電源構成における原子力発電の割合を二割強とする政府の考え方が示され、同年八月には約二年ぶりに国内の原子炉が再稼働したが、一方で脱原子力発電を主張する声は依然大きく、一部の地方裁判所では再稼働を差し止める司法判断も下されている。われわれは、そうした原子力発電所の再稼働の是非や、将来の電源構成の問題については取り上げない。むしろ、現に五〇を超える原子炉がわが国に存在しており、その一部は廃炉が決定したものの、残された原子炉については今後も再稼働が見込まれる現況下で、原子力発電企業の経営に求められる責任を問題としたい。そして、企業の経営責任の問題を論じるに当たり、われわれは責任実践に不可欠な要素と考えられるアカウンタビリティに着目していく。

今日、わが国の原子力発電企業にとって、その事業の安全性の確保はきわめて重要な課題となっている。これは、東日本大震災以前から継続している問題であり、原子炉が稼働しているか否かにかかわらず、原子力発電施設を保有するすべての企業にとって避けることのできない問題である。東日本大震災は、原子力発電の安全性に対する社会的な関心を高め、わが国の原子力発電企業がその事業の安全性の確保に関して従来以上の責任を認識する契機になったと言えよう。そのような中、経済産業省総合資源エネルギー調査会は、東京電力福島第一原子力発電所事故（以下「福島原発事故」とする。）の教訓を踏まえ、原子力の自主的、継続的な安全性向上に向けた提言書を二〇一四年に公表し（経済産業省、二〇一四年）、わが国の原子力発電企業に対して安全対策のさらなる強化を促している。[1] また、福島原発事故の当事者である東京電力株式会社（以下「東京電力」とする。）は、東日本大震災から約二年が経過した二〇一三年三月に、「福島原子力事故の総括及び原子力安全改革プラン（以下「安全改革プラン」とする。）」を公表した（東京電力、二〇一三年）。さらに東京電力は、二〇一四年度から同プランの実現度合いを四半期ごとに開示する取り組みを開始している（東京電力、二〇一五年a、二〇一五年b、二〇一五年c）。本章では、こうした原子力発電企業による取り組みを責任実践として捉えていく。そして東京電力による安全改革プラン実現度合いの評価の事例を取り上げ、その実践上の課題についてアカウンタビリティの観点から考察する。また、アカウンタビリティ概念の検討に当たっては、法哲学の分野で提唱されている応答責任論（瀧川二〇〇三年、Takikawa, 2009, 蓮生二〇一〇年、二〇一一年）に依拠していく。本章の構成は、以下の通りである。

第一節では、応答責任論における責任過程の考え方に依拠して、本章で議論の対象とするアカウンタビリティ概念を規定する。第二節では、公表された資料に基づいて、東京電力が二〇一三年に策定した原子力の安全改革プランの内容を概観し、同プランにおいてどのような責務が示されているかを解釈する。第三節では、東京電力による安全改革プラン実現度合いの評価の事例をアカウンタビリティの観点から考察し、原子力発電の安全性に係るアカウンタビリティの実践上の課題を検討する。

第一節　応答責任論からみたアカウンタビリティ

アカウンタビリティ（accountability）は、責任を示す概念の一つである。アカウンタビリティ概念は、その起源を会計（accounting）に求めるのが通説のようであり、[2]わが国でも従来、会計学の分野で、主として財務会計の機能や目的を説明するために用いられてきた。そこでは多くの場合、accountabilityは会計責任と訳され、企業経営者が出資者に対して、複式簿記による記録に基づいた財務報告を行う責任として解釈されてきたと言えよう。しかしながら近年、accountabilityは会計責任とは訳されず、アカウンタビリティと表記されるか、あるいは説明責任と訳されることが一般的となり、法学、経営学、政治学、行政学、社会学、心理学等の諸学問分野において、企業経営のみならず、行政、医療、福祉、学校教育等の実践をも対象として論じられるようになっている。こうしたわが国におけるアカウンタビリティへの社会的関心の高まりを受け、われわれは会計学における伝統的なアカウンタビリティ概念を用いず、法哲学の分野で提唱されている応答責任論に依拠して、責任との関係においてアカウンタビリティを捉えていく。本節では、まず応答責任論を概観した上で、その中心的理念である責任過程の考え方に基づいて、アカウンタビリティ概念を規定する。なお、わが国でaccountabilityを訳した概念に様々な表記がみられるのは既述の通りだが、本章では特に断りのない限り、「アカウンタビリティ」と表記する。

一、応答責任論とは

応答責任論を提唱する瀧川（二〇〇三年）は、責任を問い、責任をとり、責任を負い、責任を果たし、責任を転嫁し、責任を否定し、責任の所在を明確にし、といった責任に関わるあらゆる実践を指して責任実践と呼び、人間が日々責任実践を営む主体であることを前提においている（二頁）。そして、責任実践の解釈の方法として、責任を負担として捉える負担責任論と、責任を応答として捉える応答責任論の二つを挙げている（瀧川、二〇〇三年、一一五頁）。負担責任論は、責任実践をもっぱら負担の分配・帰属から捉える解釈であり、処罰や賠償といった何らかの実体化された責任を誰に帰属させ、誰に分配するかの決定を中心課題とする（瀧川、二〇〇三年、一一五-一一六頁）。一方、応答責任論は責任を問い責任に答える過程を責任の中心的理念とし、その観点から責任実践を捉える解釈である（瀧川、二〇〇三年、一一七頁）。瀧川（二〇〇三年）は、このうち負担責任論を法学における通説的解釈としながら（一一七頁）、責任実践のよりよき解釈を与えるものとして応答責任論を提唱し（一二六頁）、①証し立て、②対面性、③理由、④人格、⑤根源的責任、⑥責任過程、⑦第三者の七点により応答責任論を規定している（一四〇頁）。それぞれの内容を要約すれば、左記の通りとなる。

①証し立て

証し立てとは、他者が理性的には拒絶できない理由に基づいて、自らの行為を正当化したいという欲求を意味する。応答責任論では、かかる証し立ての欲求が、非常に負担の大きい責任実践をも営む動機となり、理由応答としての責任実践をその最深部で支えていると考える（瀧川、二〇〇三年、一四〇-一四二頁）。

②対面性

応答責任論では、問責者と答責者の直接的な対面性が、責任実践の基本的な構成要素となる（瀧川、二〇〇三年、一四二頁）。

③理由

応答責任論では、責任実践が二つの次元で理由との内在的連関をもつと考える。第一は、過程の次元での連関であり、問いと応答が理由に関する問責・答責であることが要求される（瀧川、二〇〇三年、一四五頁）。なお、問責に対する応答の仕方として、暴力応答、無応答、配慮応答、理由応答があげられているが（瀧川、二〇〇三年、一二八頁）、このうち「なぜそのようなことをしたのか」という問いに対して理由で応答する理由応答がここでは該当することになる。また、理由応答は原因によって答えることとは異なることも指摘されている（瀧川、二〇〇三年、一四五―一四六頁）。第二は、能力の次元での連関であり、理由を具体的に適用し推論する能力、及び理由に照らして行動を制御する能力の両者を合わせた理由能力が、責任実践に不可欠な主体的条件となる（瀧川、二〇〇三年、一四六頁）。なお、この理由能力の概念は、刑法学における責任能力に相当するとされる（瀧川、二〇〇三年、一〇八―一〇九頁）。

④人格

応答責任論では、責任実践が以下の三点において人格との連関をもつと考える。第一は、ある人に責任があるかどうかの認定において、「人」に対する批判が行われるという点であり、第二は、問責者も答責者も相手が理由能力や問いかけの能力を持つ存在者であるとして、相互に人格を承認している点にあり、第三は、答責者の人格の個別性と人格の同一性が確保されているという点における人格との連関である（瀧川、二〇〇三年、一四七―一五〇頁）。

⑤根源的責任

根源的責任とは、他者との関係にあって初めて立ち上がってくる弁明責任であり、責任実践の根源にあって責任実践を支えるものである。応答責任論では、理由応答が根源的責任であるために、責任実践において理由応答が不可避なものとして現出すると考える（瀧川、二〇〇三年、一五一－一五三頁）。

⑥責任過程

応答責任論は、責任実践を一連のコミュニケーションと捉える考え方である（瀧川、二〇〇三年、一五三頁）。そこでなされる問責に対する理由応答を中心とした一連の過程・プロセスは責任過程と呼ばれ、責務責任、関与責任、負担責任の三つの責任概念[3]を用いて説明される。第一は、他者に危害を加えないなど一般的な他者に対して配慮・関心を払ったり、他者を救助するなど特殊的な他者に対して配慮・関心を払ったりする責務責任である。第二は、責任があるかどうかの認定に関わる関与責任であり、ここでは責任を問うことと理由応答が行われる。第三は、正当化できなかったり正当化が不十分であったりする場合に課される負担責任であり、加害者に対する非難の表明、規範に対する支持の表明、被害者に対する擁護の表明という三層のコミュニケーションから構成される（瀧川、二〇〇三年、一五四－一五五頁）。

⑦第三者

第三者とは、当事者の対面的応答を注視する者を意味する。応答責任論では、かかる第三者の存在により、了解不可能な理由や受容不可能な理由（援用理由）による応答が制約され、責任実践の公共性が保障され、規範形成が促されると考える（瀧川、二〇〇三年、一五六－一五七頁）。

以上より、応答責任論は、証し立ての欲求と理由能力のある自律的な主体としての個人を前提とし、そうした主体の存在が認められるためには、人格に対する相互の承認に加えて、責任過程というコミュニケーションが必要である、という考え方に立ち、責任実践を解釈する方法であると言える。つまり責任過程とは、個人が他者と社会的な関係を構築し、理由能力のある自律的な主体として社会からその存在を認められるために不可欠な実践として理解できる。われわれは、こうした応答責任論の考え方に依拠して、責任過程の観点からアカウンタビリティ概念を規定していく。

二、責任過程におけるアカウンタビリティ

上述した通り、瀧川（二〇〇三年）は、責任過程を責務責任、関与責任、負担責任の三つの責任概念を用いて説明していたが、アカウンタビリティについては言及していない。これに対して責任過程とアカウンタビリティとの関係を論じたTakikawa（2009）は、アカウンタビリティを責任における中心的な過程と位置付け（p.76）、責任過程を①責務（ある特定の方法で行為、説明することを約束事によって要求される）、②行為（責務から解除されるために行為を遂行する）、③アカウンタビリティ（行為を遂行しても責務を解除できなかった時、自らの行為の説明と正当化を要求される）、④賞罰[4]（行為の説明や正当化による責務の解除に失敗したり、虚偽の弁明や報告を行ったりした場合には制裁が課され、よい成果に対しては報酬が与えられる）の四過程に分けている（pp.86-89）。同じく責任を過程と捉えた上でアカウンタビリティを責任概念の中核に位置付ける蓮生（二〇一一年、二〇一〇年）は、アカウンタビリティ概念を二つの次元に分解している[5]。一つは、権限を委譲された人間が権限を委譲した人間に自身の行為を説明する第一次的な責任であり、もう一つは、その説明が不承認された場合に負う正当化などの第二次的な責任である（蓮生、二〇一〇年、一五頁）。これらの議論を踏まえ、アカウンタビリティと責任過程の関係を考察した坂井[6]（二〇一五年）は、答責者の立場での責任過程を、表6-1のように整理している（八八-八九頁）。

以上より、責任過程は、責務責任、アカウンタビリティ、負担責任に関する諸過程から成り、このうちアカウ

表6－1　責任過程

責任の種類	責任過程（process of responsibility）	
Ⅰ．責務責任（obligation）	〈①約束事〉	法的・行政的・道徳的規範、政治的取り決め等に基づく約束事に合意する。
	〈②責務〉	〈①約束事〉の合意に基づき、行為と説明に関する自らの責務（≒他者の期待）を受け入れる。
	〈③行為〉	〈②責務〉で受け入れた行為に関する責務に基づき、行為を遂行する。
Ⅱ．アカウンタビリティ（accountability）	〈④事前アカウンタビリティ〉	〈②責務〉で受け入れた説明に関する責務に基づき、行為の結果の説明を行う。
	〈⑤事後アカウンタビリティ〉	〈④事前アカウンタビリティ〉の説明が承認されなかった場合、行為の正当化を行う。
Ⅲ．負担責任（liability）	〈⑥賞罰〉	〈④事前アカウンタビリティ〉及び〈⑤事後アカウンタビリティ〉を通じて決定された他者の評価（≒自らの負担）を受け入れる。

（出所）坂井、2015年を一部修正して筆者作成。

ンタビリティは、責務に基づく行為の結果を説明する〈④事前アカウンタビリティ〉と、かかる説明が承認されなかった場合に行為の正当化を行う〈⑤事後アカウンタビリティ〉の二つの過程から成ることが明らかとなった。そしてアカウンタビリティは、個人が責任関係にある他者と社会的な関係を構築し、理由能力のある自律的な主体として社会からその存在を認められるために不可欠な実践である責任過程において、他者の期待に基づく責務責任と、他者の評価に基づく負担責任とを結び付けるものである。このように責任実践の中核に位置づけられるアカウンタビリティの問題に接近するためには、答責者たる行為主体により、行為と説明に関していかなる責務が受け入れられたかを理解しなければならないと言える。したがってわれわれは、次節以降で取り上げる東京電力の事例において、まず東京電力により受け入れられている責務の内容を確認した上で、原子力発電の安全性に係るアカウンタビリティの問題に接近していく。なお、応答責任論では、責任実践を営む行為主体として個人が想定されていると考えられるが、われわれは原子力発電企業もまた、他者と社会的な関係を構築していくために、日々責任実践を営む行為主体として捉えていく。⑦

第二節　東京電力の事例にみる原子力発電の安全性に係る責務

本節では、福島原発事故の反省を踏まえて二〇一三年に策定された東京電力の安全改革プランを、原子力発電の安全性に関する責任実践と捉え、同プランの内容を概観し、いかなる責務が東京電力によって受け入れられているかについての解釈を試みる。

一、東京電力安全改革プランの概要

安全改革プランでは、福島原発事故において過酷事故(8)の想定と対策、津波の高さの想定と対策、事故対応への備えが不十分であったとの反省を踏まえ、それらの要因を①安全意識、②技術力、③対話力の三つの問題に分類し、それぞれ次のように説明している。

①安全意識に係る問題点として、「継続的に安全性を高めること」が重要な経営課題として位置付けられずに「稼働率」が優先したこと、すでに実施した事故対策で十分であると過信してそれ以上の対策をコストに見合わないと考えたこと、そうした経営層の意識が現場での対策の立案や実施に影響したこと、経営層が津波を軽視して対策を怠ったこと、過酷事故は起こらないとの思い込みにより事故対応の訓練や資器材の備えが不足したことなどが挙げられている（東京電力、二〇一三年、一五頁、二〇頁、二四頁）。つまり、経営層及び組織全体で継続的に安全性を高めようとする意識が不足していたことが、事故の発生と被害の拡大の主たる原因とされているのである。

②技術力に係る問題点として、自然現象やテロによる過酷事故のリスクを適切に把握できなかったこと、海

外を含む他発電所の過去の事例から問題や対策を見つけ出す技術力が不足したこと、短期間で安全対策を考える力が不足したこと、安全及び設計担当部門に津波のリスクに対する注意や津波対策に関する発想が足りなかったこと、原子力リスクや過酷事故の教育が十分に行われず津波に対する危機感が不足したこと、緊急時に必要な技術が不足していたこと、過酷事故時の対策や情報共有のための準備が不十分であったことなどが挙げられている（東京電力、二〇一三年、一五一‐一六頁、二〇頁、二四‐二五頁）。これらの問題点には、安全性の確保に係る技術力そのものの不足に加えて、そうした技術的な業務を遂行する組織における意識の問題も含まれていると言え、①安全意識の問題と深く関わっていると考えられる。

③対話力に係る問題点として、過酷事故対策の必要性を認めることを躊躇したこと、リスクを社会に開示する必要性を感じていなかったこと、規制当局と安全に関する議論を実施する能力が不足していたこと、津波対策の必要性について立地地域や規制当局等とコミュニケーションを図る姿勢が不足したこと、事故発生後に事故の進展状況を迅速的確に関係機関や地元自治体に連絡できなかったことなどが挙げられている（東京電力、二〇一三年、一六頁、二〇頁、二五頁）。ここでの問題点には、組織として諸関係者とのコミュニケーションを図る能力が不足していたことに加えて、コミュニケーションに対する意識や姿勢に関する問題が含まれていると言える。

そして、これら三種の問題が相互に関連していることを指摘し、「安全は既に確立されたものと思いこみ、稼働率等を重要な経営課題と認識した結果、事故への備えが不足した」と結論付けている（東京電力、二〇一三年、五一頁）。さらに安全改革プランでは、こうした福島原発事故の要因分析を踏まえ、原子力発電の安全性を向上させるための六つの対策が示されている。それぞれの対策の概要は、左記の通りである。

【対策1　経営層からの改革】

(1)　経営層の安全意識向上

米国の事例を参考にし、原子力に係る安全意識向上のための研修プログラムを構築し、経営層（執行役全員）に対して研修を実施する（東京電力、二〇一三年、六二頁）。

(2)　原子力リーダーの育成

原子力担当執行役、同執行役員、原子力発電所長、建設所長、本店原子力関係部長及び同等以上の職位の者を原子力リーダーと呼び、安全性向上に関する行動指針の策定、原子力リーダーの評価軸の見直し、原子力リーダーの育成プログラムの充実を通じて、原子力リーダーの育成を図る（東京電力、二〇一三年、六三頁）。

(3)　安全文化[9]の組織全体への浸透

安全文化の浸透を経営層のミッションと定め、原子力安全に関する議論を階層ごと、組織間で重層的かつ継続的に実施し、取り組みを活性化する仕組みを構築する（東京電力、二〇一三年、六四-六五頁）。なお、二〇一四年度第二四半期からは、米国のINPOが公表する安全文化評価の枠組み[10]が用いられている（東京電力、二〇一四年、二一頁）。

【対策2　経営層への監視・支援強化】

(1)　内部規制組織の設置

取締役会の監視機能を強化するため、社長及び原子力リーダーの安全意識等の監視や助言、原子力部門の業務プロセスや安全文化醸成活動の監視や助言等を担う原子力安全監視室を、取締役会直轄の内部規制組織として設置する（東京電力、二〇一三年、六七-六八頁）。

(2) ミドルマネジメントの役割の向上

ミドルマネジメントの安全に対する責任の自覚と実行力を養成するため、業績評価方法を見直す（東京電力、二〇一三年、六八-六九頁）。

(3) 原子炉主任技術者の位置付けの見直し

原子炉保安に関する経営層支援機能を強化するため、原子炉主任技術者を経営幹部人材に位置付ける（東京電力、二〇一三年、六九-七〇頁）。

【対策3　深層防護提案力の強化】

(1) 深層防護を積み重ねることができる業務プロセスの構築

安全対策を提案し実現する技術力の強化を図るため、安全性向上コンペを導入する（東京電力、二〇一三年、七〇頁）。

(2) 安全情報を活用するプロセスの構築

事故を未然に防ぐための活動に関する情報を社外から入手し、安全対策に役立てるプロセスを構築する（東京電力、二〇一三年、七一頁）。

(3) ハザード分析[11]による改善プロセスの構築

重大な影響を及ぼす外的事象に備える対策を強化するため、ハザード分析を実施して安全対策の改善に結び付けるプロセスを構築する（東京電力、二〇一三年、七二-七三頁）。

(4) 定期的な安全性の評価のプロセス改善

原子力に係る安全性を自ら積極的かつ継続的に向上させるため、関連する活動の総合的なレビューを年一回実施して原子力に係る安全性に関する弱みを抽出・把握し、改善方針、責任者、対応期限等を明確にする（東京電力、二〇一三年、七三頁）。

（5）業務のエビデンス偏重の改善

二〇〇二年の点検記録改ざんの問題を受けて導入された品質マネジメントシステムにおいて、安全性の向上につながらないルールやエビデンス（記録）を合理化し、業務量を削減する（東京電力、二〇一三年、七三–七四年）。

（6）原子力安全に関わる業績評価の一元管理

原子力に係る安全性向上に資する業務改善の動機づけを行うため、本店及び発電所における業績管理と人事ローテーションを一元管理する（東京電力、二〇一三年、七四頁）。

（7）組織横断的な課題解決力の向上

組織横断的な課題が発生した際に立ち上げるプロジェクト体制の成果を高めるため、プロジェクト体制に関する方針を定める（東京電力、二〇一三年、七四–七五頁）。

（8）部門交流人事異動の見直し

組織的な業務改善の能力を向上させるため、原子力部門と他部門との人事異動に際し、異動した者の役割を明確化する（東京電力、二〇一三年、七五–七六頁）。

【対策4　リスク・コミュニケーション活動の充実】

積極的にリスクを公表し、リスクを低減するための対策について、立地地域や社会、規制当局と意思疎通して信頼関係を醸成するリスク・コミュニケーションを推進する（東京電力、二〇一三年、八頁、七六頁）。

（1）リスク・コミュニケーターの設置

リスク・コミュニケーションを実施する専門職「リスク・コミュニケーター」を設置する（東京電力、二〇一三年、七六-七七頁）。

（2）リスク・コミュニケーションの実施

リスク・コミュニケーションの目的を、「リスクを公表し、そのリスクに対する原子力発電所の安全性向上対策の強化について説明・対話を行い、対策内容について一定の理解を得ること」に置き、情報の開示、説明実施、意思疎通、信頼関係構築（対話の継続）をその基本的な手順として、すべての利害関係者に対してリスク・コミュニケーションを実施する（東京電力、二〇一三年、七七-七八頁）。

（3）SC（Social Communication）室の設置

社会に対して原子力リスク等に関するリスク・コミュニケーションを推進するため、社内での啓蒙活動や情報収集を担うSC室を、社長直属の機関として設置する（東京電力、二〇一三年、七九-八〇頁）。

（4）規制当局との対話力の向上

自ら技術的な意味合いを考えずに対応したり、技術的な対話を怠ったりすることを避けるため、規制当局との対話を行うことが業務の大部分を占める本店原子力部門の部長及び部長代理をリスク・コミュニケーターと位置づける（東京電力、二〇一三年、八〇-八一頁）。

【対策5　発電所及び本店の緊急時組織の改編】

（1）緊急時組織の改編

想定を超えるような事態を迎えても、柔軟に対応し事態を収拾することができるように、非常事態対応のために米国で標準化された組織体制の考え方を導入して、緊急時における組織体制を改編する（東京電力、二〇一三年、八一-九一頁）。

(2) 緊急時対応の運用面の強化

緊急時対応訓練の充実、緊急時における現場把握のための監視カメラの設置、協力企業との役割分担の改善等を行う（東京電力、二〇一三年、九一-九四頁）。

【対策6 平常時の発電所組織の見直しと直営技術力強化】

(1) 平常時の発電所組織の見直し

平常時の発電所組織について、原子力に係る安全性の確保とリスク・コミュニケーションの観点から見直す（東京電力、二〇一三年、九四-九五頁）。

(2) 緊急時対応のための直営作業の拡大

事故対応における応用力を身に付けるため、協力企業やメーカーが実施してきた発電所内の設備保全等の作業のうち、直営とする作業を増やしていく（東京電力、二〇一三年、九六-九九頁）。

さらに東京電力（二〇一三年）は、以上の六つの対策から成る安全改革プランについて、社内での理解を進め、その進捗状況を三ヶ月に一度確認して公表し、同プランの内容を継続的に見直してレベルアップを図るとしている（一〇〇頁）。そして、「福島原子力事故を決して忘れることなく、昨日よりも今日、今日よりも明日の安全レベルを高め、比類なき安全を創造し続ける原子力事業者になる」との決意を表明している（東京電力、二〇一三年、一〇二頁)。

二、東京電力安全改革プランに示される責務

続いて、前項でみてきた安全改革プランに示される責務の解釈を試みる。第一節でみてきた通り、責任過程においては、行為と説明に関する責務を行為主体が受け入れているとみなすことができるが、同プランにおいて東京電力が認識している責務の内容は、左記の通りと考えられる。

対策1では、経営層の安全意識向上、原子力リーダーの育成、安全文化の組織全体への浸透のための行動計画が掲げられている。これらの計画は、東京電力における組織の安全文化を醸成するための行為に関する責務を示していると言える。

対策2では、内部規制組織としての原子力安全監視室の設置、ミドルマネジメントの役割や原子力主任技術者の組織上の位置付けの見直しが掲げられている。これらは、経営層に対する監視と助言を行うための行為に関する責務と考えられる。

対策3では、深層防護や事故防止のための業務の構築や改善、かかる業務を遂行するための体制の整備などの計画が掲げられている。これらは、放射能漏れ事故予防対策のための行為に関する責務と解釈できる。

対策4では、立地地域や社会、規制当局を含むすべての利害関係者とリスク・コミュニケーションを行う体制の整備に関する対策が掲げられている。リスク・コミュニケーションを、「個人、機関、集団間での情報や意見のやり取りと相互作用過程であり、リスクの性質に関する様々なメッセージ、かかるメッセージに対する関心や意見及び反応を表現するメッセージ、リスク管理のための法律や制度の整備に対する関心や意見及び反応を表現するメッセージ等を含む」(NRC, 1989, p.21) ものと理解すれば、東京電力のリスク・コミュニケーションに

は、放射能漏れ事故につながるリスクを低減するための対策に関する説明が含まれることになる。したがって対策4は、原子力発電に係る安全性確保についての説明に関する責務を示していると言えよう[12]。

対策5では、事故発生時等の緊急時の組織体制や対応方法の整備に関する計画が示されている。したがって東京電力は、事故発生時において放射能漏れを抑制するための行為に関する責務を受け入れていると考えられる。

対策6では、平常時の発電所組織の見直しと、設備保全の直営作業の増加の二つが掲げられている。前者は、対策3で示された事故防止のための組織体制に関する計画であり、放射能漏れ事故予防対策のための行為に関する責務と解釈できる。同時に、対策4のリスク・コミュニケーションの組織体制にも関係しており、説明に関する責務も含まれていると言える。後者は、対策5の事故発生時等の対応能力に関する計画であるため、事故発生時の放射能漏れの抑制のための行為に関する責務に含まれると考えられよう。

さらに、六つの対策から成る安全改革プランの進捗状況を、三ヶ月に一度確認して公表するとしているのは、説明に関する責務を示していると解釈することができよう。

以上の解釈より、行為に関する責務として、安全文化の醸成（対策1）、経営層への監視と助言（対策2）、放射能漏れ事故予防対策の実施（対策3、6）、事故発生時の放射能漏れの抑制（対策5、6）の四つの事項が確認された。また、説明に関する責務として、リスク・コミュニケーションの体制整備（対策4、6）と安全改革プランの進捗状況の確認及び公表の二つの事項が確認された。これらの責務の内容を整理すると、表6-2の通りとなる。

このように、東京電力安全改革プランには様々な責務が示されているが、ここで行為に関する責務について、さらに整理をしておきたい。表6-2では行為に関して四つの責務が示されているが、それらは二種類に分類できる。一つは、原子力発電業務上の作業についての責務であり、主として放射能漏れ事故予防対策の実施（対策

表6－2　東京電力安全改革プランに示される責務

行為に関する責務	安全文化の醸成（対策1）	(1) 経営層の安全意識向上 (2) 原子力リーダーの育成 (3) 安全文化の組織全体への浸透
	経営層への監視と助言（対策2）	(1) 内部規制組織の設置 (2) ミドルマネジメントの役割の向上 (3) 原子炉主任技術者の位置付けの見直し
	放射能漏れ事故予防対策の実施（対策3、6）	(1) 深層防護を積み重ねることができる業務プロセスの構築 (2) 安全情報を活用するプロセスの構築 (3) ハザード分析による改善プロセスの構築 (4) 定期的な安全性の評価のプロセス改善 (5) 業務のエビデンス偏重の改善 (6) 原子力安全に関わる業績評価の一元管理 (7) 組織横断的な課題解決力の向上 (8) 部門交流人事異動の見直し (9) 平常時の発電所組織の見直し
	事故発生時の放射能漏れの抑制（対策5、6）	(1) 緊急時組織の改編 (2) 緊急時対応の運用面の強化 (3) 緊急時対応のための直営作業の拡大
説明に関する責務	リスク・コミュニケーションの体制整備（対策4、6）	(1) リスク・コミュニケーターの設置 (2) リスク・コミュニケーションの実施 (3) SC（Social Communication）室の設置 (4) 規制当局との対話力の向上 (5) 平常時の発電所組織の見直し
	安全改革プランの進捗状況の確認及び公表	

（出所）　東京電力、2013年に基づき筆者作成。

3、6）と事故発生時の放射能漏れの抑制（対策5、6）の二つに含まれている。発電施設の設計や運用といった作業において誤りが発生すると、放射能漏れ事故につながるおそれがあると言える。そうした放射能漏れ事故の予防は、原子力発電事業に固有の課題であると同時に、福島原発事故をきっかけとして社会的な関心が劇的に高まった問題である。つまり、原子力発電企業は、放射能漏れ事故を起こさないことが社会から期待されており、福島原発事故を踏まえて策定された安全改革プランに、そうした事故の原因となり得る作業の誤りを予防する責務が示されているのは、至極当然と言えよう。もう一つは、東京電力の組織についての責務であり、主に安全文化の醸成（対策1）と経営層への監視と助言（対策2）の二つがこれに該当する。原子力発電企業では、発電施設の設計や運用といった作業はもとより、安全対策の策定自体も組織的に行われる。したがって放射能漏れ事故の予防対策は、組織に参加する人々の姿勢や考え方に影響を受けると言え、このため組織に参加する人々の安全に関する価値や態度を意味する安全文化を組織に醸成することが、責務として認識されていると考えられる。[13] また、経営層への監視や助言の対策が掲げられているのは、放射能漏れ事故の予防対策が経営者の意思決定に影響を受けるため、かかる意思決定の誤りを予防する必要があるとの考え方に基づいているものと解釈できる。経営者の意思決定は、組織の共通目的の設定に関係すると同時に、組織的に行われるものであるため、かかる意思決定の誤りの予防も、組織についての責務であると言えよう。[14]

以上より、原子力発電の安全性を確保するための行為に関する責務として、作業についての責務と組織についての責務が、行為主体[15]たる東京電力によって認識されていることが明らかとなった。これらの行為の結果の説明に関する責務については、次節でアカウンタビリティの観点から検討することとする。

第三節　東京電力の事例にみる原子力発電の安全性に係るアカウンタビリティ

第一節で規定した通り、責任実践の中核に位置付けられるアカウンタビリティは、〈④事前アカウンタビリティ〉と〈⑤事後アカウンタビリティ〉の二つの過程から成る。したがって原子力発電の安全性に係るアカウンタビリティは、原子力発電の安全の確保を目的とした行為の結果の説明と、かかる説明が承認されなかった場合に行為の正当化を行うことにあると言える。このうち〈④事前アカウンタビリティ〉は、説明に関する責務に基づいて行われるが、前節で確認した安全改革プランでは、説明に関する責務として、リスク・コミュニケーションの体制整備（対策4、6）、安全改革プランの進捗状況の確認及び公表の二つが示されていた。そして既述の通り、安全改革プランの実現度合いを評価して四半期ごとに開示する取り組みが、二〇一四年度より始まっている。これらのうち、安全改革プラン実現度合いの評価と開示は〈④事前アカウンタビリティ〉の過程に、リスク・コミュニケーションの体制整備は〈④事前アカウンタビリティ〉と〈⑤事後アカウンタビリティ〉の過程に関係していると考えられる。われわれは、こうした実践のうち、安全改革プランの実現度合いの評価に着目したい。なぜなら、かかる実践は、行為に関する責務の業績測定であると解釈できるためである。会計学における代表的なアカウンタビリティ論[16]である井尻（一九七六年）は、アカウンタビリティが暗黙のうちにある達成すべき目標を含んでいるため、アカウンタビリティの履行にはその目標に関連した業績測定が必要であることを指摘している（五一頁）。また、法哲学の立場で責任過程とアカウンタビリティの関係を論じた蓮生（二〇一一年）も、責任過程における業績測定の重要性に言及している（一一頁）。つまり、アカウンタビリティの問題に接近するためには、業績測定は避けて通れない問題と言える。したがって、原子力発電の安全性に係るアカウンタビリティにおいても、原子力発電の安全性確保のための行為に関する業績測定の問題を取り上げなければならないであろう。そこでわれわれは、かかる業績測定の事例として、安全改革プラン実現度合いの評価を取り上げることにする。以下では、東京電力が公表している安全改革プラン実現度合い評価の方法を概観した上で、原子力発電の安全性に係るアカウンタビリティの実践上の課題を検討する。

一、東京電力安全改革プラン実現度合い評価の方法

東京電力は、安全改革プランの進捗状況について、二〇一三年度より四半期ごとに公表している。当初は進捗状況

表６－３－１　当面の具体的なPIと目標値　（対策１、２）

PI	目標値	分類
1．Traits（※１）を活用した振り返り活動の実施率	1．100％（派遣・出向者、長期療養者等を除く）	①安全意識
2．振り返りで「分からない」と回答した率	2．10％以下（2014年度以降）	
3．各指標の移動平均トレンド（四半期）	3．増加傾向（2015年度以降）	
4．振り返り結果を議論するグループ会議・部内会議等の開催数	4．２回以上／月	
5．振り返り結果に関する経営層によるレビューの実施回数	5．１回以上／四半期	
6．原子力リーダーからの原子力安全に関するメッセージ発信（朝礼、イントラ、メール等）	6．２回以上／月	
7．イントラの既読者数	7．月別合計者数がプラス傾向	
8．イントラの「参考になった」数	8．月別合計者数がプラス傾向	
9．管理職による発電所マネジメント・オブザベーション（MO）の回数	9．１回以上／月・人（本店を含む）（2015年度以降）	
10. MOに基づく良好事例または課題の抽出件数	10.　１件以上／回	
11. 良好事例の水平展開または課題の改善の１か月以内の実施率	11.　70％以上	
12. 良好事例の水平展開または課題の改善の３か月以内の実施率	12.　100％	
13. 対策３、５、６またはPO&C（※２）と結びつき、四半期ごとの定量的な目標が設定された業務計画のアクションプランの割合	13.　50％（当初）、2015年度第３四半期までに70％	②技術力
14. 各アクションプランの目標達成割合	14.　50％以上（※３）（2015年度以降）	

（注）　※１：INPO（2013）の「健全な原子力に係る安全文化の特性」を指す。
※２：WANOが策定した「業績目標と基準（Performance Objectives & Criteria）」を指すが、非公開のため内容は不明である。
※３：計画通り進捗（目標達成）を50％と設定している。

（出所）　東京電力、2015年a、53頁に一部加筆して筆者作成。

を数値化せず、同社内で確認した状況を定性的に説明していたが、二〇一四年度より実現度合いを数値化することが試みられている。数値化に当たっては、評価指標（Performance Indicator、以下、「ＰＩ」とする。）と重要評価指標（Key Performance Indicator、以下、「ＫＰＩ」とする。）が設定されている。それぞれの概要

表6－3－2　当面の具体的なPIと目標値　（対策3）

PI	目標値	分類
1．安全向上提案力強化コンペ提案件数×平均評価点×優良提案の半年以内の完了率 2．OE（※1）情報分析待ち件数（OE情報受信後スクリーニング実施率） 3．新着OE情報の閲覧数 4．ハザード分析の実施 5．ハザード改善計画進捗率	1．1000点以上（2014年度） 1500点以上（2015年度以降） 2．90%以上（2か月以内） 100%（3か月以内、在庫なし） 3．20%以上（2014年度） 50%以上（2015年度以降） 4．2014年度末分析完了 5．進捗率100%（遅延無く）	②技術力

（注）※1：「過酷事故の予兆となる運転経験（Operation Experience）」を指す。
（出所）東京電力、2015年a、54頁に一部加筆して筆者作成。

表6－3－3　当面の具体的なPIと目標値　（対策4）

PI	目標値	分類
1．福島第一廃炉作業、原子力安全改革、事故トラブル等に関する情報発信の質・量に関する評価 2．東京電力の広報・広報活動の意識・姿勢に関する評価	社外評価者（①福島地域・②新潟地域・③当社供給エリアの方々や④駐日大使館職員等）の4種類の評価者群に対するアンケート評価の総合評価点の経時変化がプラス傾向	③対話力

（出所）東京電力、2015年a、54頁に一部加筆して筆者作成。

表6－3－4　当面の具体的なPIと目標値　（対策5）

PI	目標値	分類
1．PO&Cの緊急時対応の分野に基づいた自己評価	1．班長以上による総合訓練後または四半期に一度の5段階の自己評価で、平均4点以上	②技術力

（出所）東京電力、2015年a、54頁に一部加筆して筆者作成。

は、以下の通りである。
まず、PIとして、全部で二九の指標が設定されている。そこでは、安全改革プランで示された六つの対策として実施されている具体的な活動が抽出され、活動の実施率や実施回数、目標達成割合、成果数等に基づく数値化や、社外または社内におけるアンケート等の質問形式による点数化等を通じて、それぞれの指標が算定されることになっている。また、各PIの指標に対する目標値もあわせて示されている。各対策のPI及び目標値は、表6－3の通りである。

表6－3－5　当面の具体的なPIと目標値　（対策6）

PI	目標値	分類
直営（緊急時対応） 1．消防車、電源車、ケーブル接続、放射線サーベイ、ホイールローダ、ユニック等の緊急時要員の社内力量認定者数	1．3年後に各発電所の必要数の120%	②技術力
専門エンジニア 2．システムエンジニア（SE）の認定数 3．耐震、PRA（※1）、火災防護、化学管理等の各種専門エンジニアの育成数	2．5人／原子炉 3．育成計画の達成率100%	
業務個別（安全確保） 4．運転操作、保全、保安等の社内技能認定者数 5．電験1種、危険物乙4、酸欠等の会社が必須と認める社外資格者数（約15資格） 6．高圧ガス製造保安、建設機械運転等会社が推奨する社外資格者数（約15資格）	4．育成計画の100% 5．3年後に分野ごとの全員もしくは必要数 6．3年後に分野ごとの30%以上	
原子力安全の基本 7．原子炉主任技術者、第1種放射線取扱主任者、技術士（原子力・放射線部門）等の社外資格の取得者数（原子力安全の知識・経験を極める目標として設定）	7．原子力部門の約10%（約300人）が有資格者である状態を継続的に維持するための育成計画の達成率100%	

（注）　※1：確率論的リスク評価（Probabilistic Risk Assessment）を指す。
（出所）　東京電力、2015年a、54-55頁に一部加筆して筆者作成。

次に、KPIとして六つの指標が設定されている。そこでは、福島原発事故の発生要因として特定された①安全意識、②技術力、③対話力の三種の問題に上記のPIを関連付けた上で、各PIの実績値や目標達成率、あるいは各PIに関連する成果数等に基づいて、指標が点数化されることになっている。また、各KPIの指標に対する目標もあわせて示されている。設定されたKPIの算定方法は、表6-4の通りである。

以上の方法で算定されたPI及びKPIの測定結果は、二〇一四年度第四四半期以降、四半期ごとに開示されている（東京電力、二〇一五年b、八一-八四頁、二〇一五年c、五八-六〇頁）。

表6－4　安全意識、技術力、対話力に関するKPI

分類	KPIの種類	KPIの算定方法
①安全意識	安全意識KPI（Traits）	健全な原子力に係る安全文化の特性（Traits）を活用した振り返り活動の指標5項目（対策1、2のPI＃1～5）の目標値に対する達成割合を20％ずつで規格化し、その合計値を100ポイント満点で評価。KPIの目標値は70ポイント以上。
		Σ（各PI実績値×20÷各PI目標値）
	安全意識KPI（M&M）	原子力リーダーのメッセージに関する指標3項目（対策1、2のPI＃6～8）及び管理職の発電所マネジメント・オブザベーションに関する指標4項目（対策1、2のPI＃9～12）の目標達成度を100ポイント満点で評価。KPIの目標値は70ポイント以上。
		目標達成した評価項目数÷7×100
②技術力	技術力KPI（計画）	業務計画上の全アクションプラン数に対する対策3、5、6またはPO&Cと結び付けられたアクション数の割合を100ポイント満点で評価。KPIの目標値は、2014年度末で50ポイント以上、2015年度末で70ポイント以上。
		対策3、5、6またはPO&Cと結び付けられたアクションプラン数÷業務計画上の全アクションプラン数×100
	技術力KPI（実績）	定量的な指標のあるアクションプランの目標達成割合について、計画通り進捗を50ポイントの中央値で評価した場合の全アクションプランの平均値で評価。KPIの目標値は50ポイント以上。
		（Σ各アクションプランの目標達成割合）÷弱点克服のためのアクションプランの個数
③対話力	対話力KPI（内部）	健全な原子力に係る安全文化の特性（Traits）を活用した振り返り活動において、コミュニケーションに関する項目を10段階で評価した結果をもとに、原子力部門全体を100ポイント満点で評価。KPIの目標は四半期の移動平均がプラス傾向。
		（4つのふるまいの評価点の総合計×100）÷（10段階×4×評価者数）
	対話力KPI（外部）	対策4の2つのPIをそれぞれ50ポイントずつで規格化し、100ポイント満点で評価。KPIの目標は経時変化がプラス傾向。
		Σ（（4種類の評価者群の平均値の合計×50）÷（評価点満点×4））

（出所）東京電力、2015年a、55-57頁より筆者作成。

二、原子力発電の安全性に係るアカウンタビリティの課題

表6-3に示された通り、東京電力は安全改革プランの六つの対策の中から具体的な活動を抽出し、PIと呼ばれる指標で数値化し、それぞれ目標値を設定している。そして表6-4に示された通り、各活動を福島原発事故の発生要因として特定された①安全意識、②技術力、③対話力の三種の問題に分類して集計し、KPIと呼ばれる指標で点数化している。つまり、前節で確認した安全改革プランに示される責務のうち、安全文化の醸成（対策1）、経営層への監視と助言（対策2）、放射能漏れ事故予防対策の実施（対策3、6）、事故発生時の放射能漏れの抑制（対策5、6）の四つの行為に関する責務が①安全意識と②技術力の二つに、説明に関する責務であるリスク・コミュニケーションの体制整備（対策4、6）が③対話力に、それぞれ組み替えられたと言える。安全改革プランの実現度合いを数値化し、定期的に開示するこうした東京電力の取り組みは、わが国においてきわめて先進的な事例と考えられる。しかし、原子力発電の安全性に係るアカウンタビリティの観点からは、左記の問題が指摘できる。

第一に、経営層への監視・支援強化（対策2）に関する対策についての業績測定の問題である。表6-3に示された通り、対策2の評価は、①安全意識に関する項目として分類され、管理職によるマネジメント・オブザベーションに関する四つのPIと目標値が設定されている。しかしながら、安全改革プランで示された対策のうち、原子力安全監視室の成果については、評価の対象とされていない。既述の通り、経営層への監視と助言に関する対策は、経営者の意思決定の誤りを予防する責務であると解釈できる。そうした責務を果たすためには、取締役会直轄の内部規制組織である原子力安全監視室の役割が、きわめて重要になってくると考えられる。したがって安全改革プランに係るアカウンタビリティを果たすためには、原子力安全監視室による経営層への監視と助言機能に関しても、業績測定を行わなければならないと言えよう。

第二に、放射能漏れ事故予防の成果が測定されていない問題である。前節で確認した通り、放射能漏れ事故予防対策の実施（対策3、6）と事故発生時の放射能漏れの抑制（対策5、6）は、原子力発電業務上の作業についての責務を含んでいると考えられる。東京電力は、それらの対策に関して、業務改善の提案力や情報分析力、あるいは組織における専門家の数といった②技術力に関する項目だけを取り上げ、ＰＩと目標値を設定している。もちろん、そうした技術力が、放射能漏れ事故を予防する上で重視されることに異論はない。しかし、放射能漏れ事故の発生可能性についての目標設定と測定が行われていない点に対しては、問題があると言わざるを得ない。そもそも、放射能漏れ事故の予防対策は、事故の発生可能性を抑える責務があるために求められる行為と言える。したがって、対策の実施によって事故の発生可能性がどれだけ抑えられているかを測定し説明しなければ、十分なアカウンタビリティを果たしたとは言えないであろう。近年、わが国の原子力発電企業では、原子力発電施設の設計と運用における放射能防護等の対策の意思決定に、確率論的リスク評価[17]（Probabilistic Risk Assessment、以下「ＰＲＡ」とする。）と呼ばれる手法が活用され始めており、東京電力の安全改革プランでもＰＲＡの活用が示されている。したがって、ＰＲＡの手法等を活用して、放射能漏れ事故の発生可能性がどの程度抑えられているかについても、測定、開示される必要があると言えよう。

第三に、①安全意識及び②技術力のＫＰＩの算定方法の問題である。このうち①安全意識のＫＰＩは、安全文化の醸成（対策1）に関する対策の達成度を測定するものであり、したがって組織に健全な安全文化を醸成する責務に関する業績測定と言える。また、②技術力のＫＰＩは、安全改革プランで示された対策のうち、主に深層防護提案力の強化（対策3）と発電所及び本店の緊急時組織の改編（対策5）の対策に関連している。前節では、これらの対策に放射能漏れ事故の原因となり得る作業の誤りを予防する責務が示されていると解釈されたが、ここではかかる作業を支える組織の技術力が評価対象となっている。つまり②技術力のＫＰＩは、組織の能力を向上させるという責務に関する業績測定の指標であると言える。これら二つのＫＰＩは、従業員による安全意識の自己評価（振り返り活動）、管理者による発電所視察（マネジメント・オブザベーション）、安全性向上策の提案など、各対策で実施されている具体的な活動が抽出され、活動の実施率や実施回数、目標達成割合、成果数等に基づいて、数値化可能な行動計画を指標化したＰＩを基礎にして算定している。つまり、これらのＫＰＩは、各対策における行動計画の実施率や達成率を示しているだけで、一連の対策の結果、健全な安全文化が醸成されているかどうか、あるいは組織の技術力が十分に向上したかどうかを示しているとは言えないであろう。安全文化の醸成の程度や組織の技術力の水準といった組織的な要因に関する成果の測定は容易ではないと考えられるが、それらの成果が測定されなければ、原子力発電の安全性に係るアカウンタビリティにおいて、行為の正当化が困難となるおそれがあると言えよう(18)。

最後に、リスク・コミュニケーション活動の充実（対策４）に関する目標設定の問題についても触れておきたい。東京電力は、対策４について、社外関係者へのアンケート調査により情報発信の質や量、広報活動の意識や姿勢等を評価しようとしている。しかし、前節で述べた通り、この対策は説明に関する責務を示していると解釈でき、したがってここでは、アカウンタビリティに関する目標が設定されなければならないと考えられる。つまり、安全改革プランの実現度合いの評価方法や開示方法について利害関係者といかに合意し、また利害関係者からの評価を受けるために、どのように対話の場を設けるかといった点についての目標設定を行う必要があると言えよう。

以上が、東日本大震災後の東京電力の事例の解釈を通じて明らかとなった、原子力発電の安全性に係るアカウンタビリティの実践上の課題である。

おわりに

本章では、責任実践を責任過程として捉え、責任過程の中核にアカウンタビリティを位置づけて議論を展開してきた。こうした試論に基づけば、今日の原子力発電企業は、責任実践の行為主体としてその事業を継続しようとする限り、事業の安全性に係るアカウンタビリティを果たさなければならないと言える。そして、そうしたアカウンタビリティを果たすためには、事業の安全性確保のための行為に関する業績測定が求められることになる。本章で取り上げた東日本大震災後の東京電力の事例では、福島原発事故の反省を踏まえ、多くの前例のない先進的な取り組みを行っていることが確認できた。同時に、東京電力の事例から、経営層への監視と助言機能に関する業績測定、放射能漏れ事故予防の成果に関する業績測定、組織の安全文化や技術力に関する測定、さらにはアカウンタビリティを果たすための説明等の実践において、多くの課題を抱えていることも明らかになった。これらの課題を克服しなければ、アカウンタビリティの履行を通じて原子力発電の安全性に関して他者から評価を受けることは困難となり、事業の継続を社会から承認されなくなる可能性があると言えよう。

一方、原子力発電の安全性の確保は、東京電力だけの問題ではなく、すべての原子力発電企業の問題であると同時に、社会全体の問題でもある。本章の冒頭でも述べた通り、わが国には現に五〇を超える原子炉が存在しており、再稼働がなされるか否かにかかわらず、将来にわたって放射能漏れの可能性が存在し続けるのである。つまり、原子力発電事業の継続を拒否するだけでは解決し得ない問題を、今日の社会は抱えているのである。したがって原子力発電企業の責任を問い、その行為を評価する立場にある者も、原子力発電事業の安全性に係る責務に関する約束事や、業績測定と開示に関する約束事の形成等に関与し、原子力発電企業が責任ある主体として存続することが可能な環境を作っていく必要があることを認識すべきであろう。そしてアカウンタビリティの履行は、そうした社会的な約束事の形成や改善にとっても、不可欠な責任実践であると言えよう。

注

（1）当該提言書に影響を受けた取り組みの代表的な例として、原子力発電専業の日本原子力発電株式会社による「原子力の自主的かつ継続的な安全性向上への取り組み」（日本原子力発電、二〇一四年）が挙げられる。

（2）古くは古代アテネ（紀元前五世紀）の市民社会における民会での会計記録の報告に遡るとされる（山本、二〇一三年、四六-四七頁）。

（3）関与責任、負担責任、責務責任の三つの責任概念の詳細については、瀧川（二〇〇三年、三〇-三九頁）を参照。

（4）これはsanctionの訳である。なお、瀧川（二〇〇三年、二八頁）及び蓮生（二〇一一年、二頁、二〇一〇年、七頁）は、sanctionに「制裁」の訳を当てているが、正のsanctionも想定されていることから、本章ではこれを「賞罰」と訳している。

（5）蓮生（二〇一〇年、二〇一一年）は、アカウンタビリティーと表記している。

（6）坂井（二〇一五年）は、会計責任と表記している。

（7）なお、原子力発電企業を行為主体として捉える場合、本来は「自らの意思を有する一個の主体であり、自らの躍動力をもって行為する主体として行為的主体存在」（小笠原、二〇〇四年、七四頁）である経営体と表現すべきであろう。

（8）過酷事故とは、重大な炉心損傷を引き起こす事故（シビアアクシデント）を指す（経済産業省、二〇一四年、四三頁）。

（9）安全文化とは、世界原子力事業者協会（World Association of Nuclear Operators、以下、「WANO」とする。）が、一九八六年のチェルノブイリ原子力発電所事故を教訓に提唱し始めた概念である。米国の原子力発電運転協会（The Institute of Nuclear Power Operations、以下、「INPO」とする。）は、原子力に係る安全文化を、「人々と環境の保護を確実にするために、競合する目標の中で安全性を強調することに対して、すべての管理者と個人の責任ある関与の結果もたらされる、中心的な価値と態度」と定義している（INPO, 2013, p.6）。なおINPOとは、スリーマイル島事故をきっかけとして米国の原子力事業者により設立された自主保安を牽引する機関であり、米国内の発電所評価や研修等の事業を行っている。

（10）一〇の特性に関する四〇の要素から構成されている「健全な原子力に係る安全文化の特性」を指す（INPO, 2013, pp.9-30）。

（11）ハザード分析とは、重大な影響を及ぼす外的事象による危険要因の分析、選定と対策の検討、実施のプロセスを指す（東京電力、二〇一三年、七二-七三頁）。

（12）なお、アカウンタビリティに基づく財務会計は、リスク・コミュニケーションの一形態として理解することが可能である（坂井、二〇一四年、一〇四-一〇五頁）。

（13）安全文化が注目されているのは、もう一つの理由があると考えられる。それは、リスク補償と呼ばれる人間の行動特性と関係している。リスク補償とは、リスクを減らすための安全対策を強化すればするほど、リスクを増やす方向にその行動を変化させる行動適応である（芳賀、二〇一二年、三二―三五頁）。人間がこのような行動特性を有していると仮定した場合、安全対策の強化と同時に、健全な安全文化を醸成することが、人々のリスク補償的な行動を予防して安全対策の有効性を高める上で、重視されることになると言えよう。

(14) なお、放射能漏れ事故の予防に関する責務について、内部統制概念（COSO, 2013 ほか）を用いて論じることもできると考えられる。紙幅の関係上、ここで詳しく論じることはできないが、例えば放射能防護策の実施は統制活動、安全文化の醸成は統制環境、経営層の監視はモニタリングといった概念を用いて解釈することが可能であろう。

(15) 安全改革プランの行為主体として、東京電力の経営を担う個人を想定することも可能であろう。しかし、とりわけ安全文化の醸成や経営層の監視といった組織についての責務は、経営者個人ではなく原子力発電企業を行為主体として捉えた方が、その意義を理解しやすいと考えられる。

(16) 井尻（一九七六年）は、会計責任と表記している。

(17) ＰＲＡとは、確率論に基づいて、事故につながる可能性のある事象の発生頻度と被害の大きさを定量的に評価する手法である（経済産業省、二〇一四年、四一頁）。これは米国で生まれた手法であり、東日本大震災以降、わが国の原子力発電企業への導入が政府に推奨されている（経済産業省、二〇一四年、四頁）。なお、ＰＲＡは確率論的安全評価（Probabilistic Safety Assessment）と呼ばれる場合もある（村上、二〇〇五年、一二五頁）。

(18) 組織の安全文化の評価方法については、すでに多くの研究が行われている。そうした研究のレビューを幅広く行った竹内（二〇一二年）は、質問紙調査にインタビューや監査を組合わせた評価などの質問紙以外の方法に注目した研究や、安全文化の評価や測定に新たな着眼点を提示しようとする研究の類型化を行っている（一一―一六頁）。また、組織の安全文化や技術力の評価に、監査の実践で用いられている内部統制評価の方法を活用することも考えられる。内部統制評価は、組織的に遂行される財務報告の質を確保するために、組織の諸要因を評価する実践であり、放射能漏れ事故の予防に関する組織の諸要因の評価にも援用可能性があると言えよう。なお、安全文化や組織の技術力といった要因は、内部統制概念では統制環境に該当すると考えられるが、坂井（二〇一〇年）は、そうした要因をシステムにおける構成要素相互の関係性で評価する方法について論じている。

付記

本章の執筆に当たり、日本原子力発電株式会社の関係者の方々に、多大なご協力を賜っている。ここに記して謝意を表したい。

第七章　災害時における地域金融機関の行動

森谷　智子

はじめに

東北地方太平洋沖地震から四年以上が経過している（執筆時）が、地域金融に関して、いまだ解決できない問題や新たな問題が生じている。もちろん、震災の苦労を乗り越えて復旧、復興した被災地企業も台頭している。その一方で、被災地企業が倒産するケースが相次いでいたが、ここ最近では減少しつつあるものの、現在、被災地企業は「二重債務」という問題を抱えるようになっている。これを受け、地域金融機関やファンドの取組みにより「二重債務問題」の拡大を抑えている。そのような環境の中、「原発関連倒産」の比率が上昇しているのが現実である。震災以降、政府系金融機関が主導し、復興支援の融資を充実化させてきた。その結果、救済された被災地企業や個人も存在している。さらに、これまで懸念されていた融資手法を用いた復旧、復興支援が被災地の金融機関を中心に実行されている。

そこで本章では、最初に震災後の倒産状況について考察する。そのうえで、震災後すぐに復旧支援融資を提案した政府系金融機関である商工組合中央金庫の取り組みについて概観する。その際、被災地企業が信頼して融資を受けられる手法の活用を中心に考察する。次に、被災地の地域金融機関による新たな融資手法での金融支援について概観する。最後に、ファンドによる被災地企業への支援について紹介する。

第一節　被災地企業の倒産状況

一、被災地企業の倒産状況

東北地方太平洋沖地震から四年以上の歳月が経過しているが、いまだ震災関連企業の「倒産」という状況が続いている（図7-1参照）。帝国データバンクの発表によると、震災発生からの四年間で、一七二六件の倒産が発生している。そこで、震災関連企業の倒産件数の推移を見ると、二〇一一年五月をピークに減少の一途を辿っているものの、震災から四年という歳月を迎えるに至っても毎月二〇件前後の倒産が発生している。また、一件当たりの負債額について見ると、月日が経過するとともに小規模になってきている。(1) このことから、近年では小企業および零細企業の倒産が増加しているのではないかと推測される。

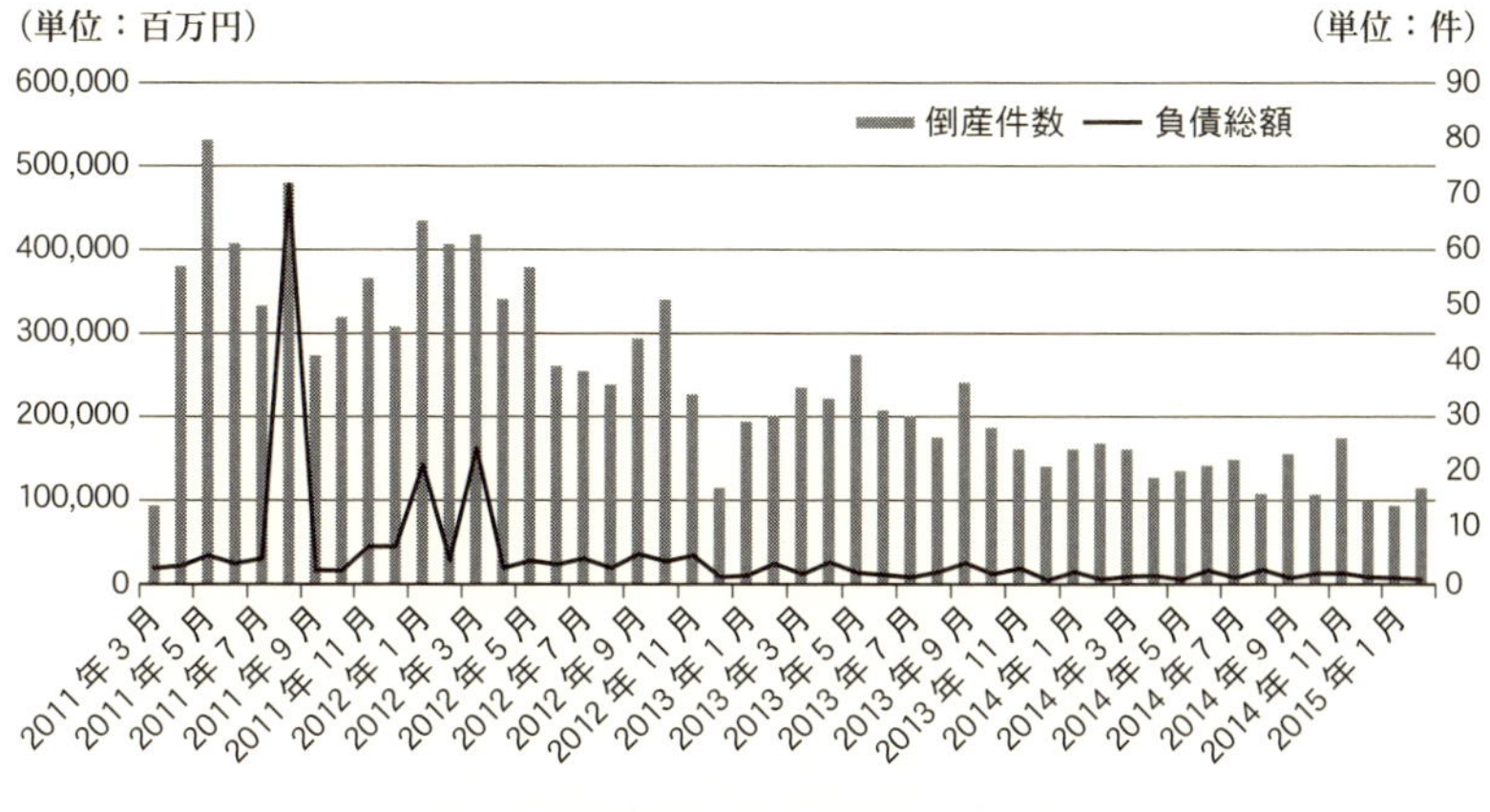

図7-1　東日本大震災関連の倒産件数および負債総額の推移

（注）右軸は、倒産件数を示している。左軸は、負債総額を示している。

（資料）帝国データバンク（2015）、２頁により作成。

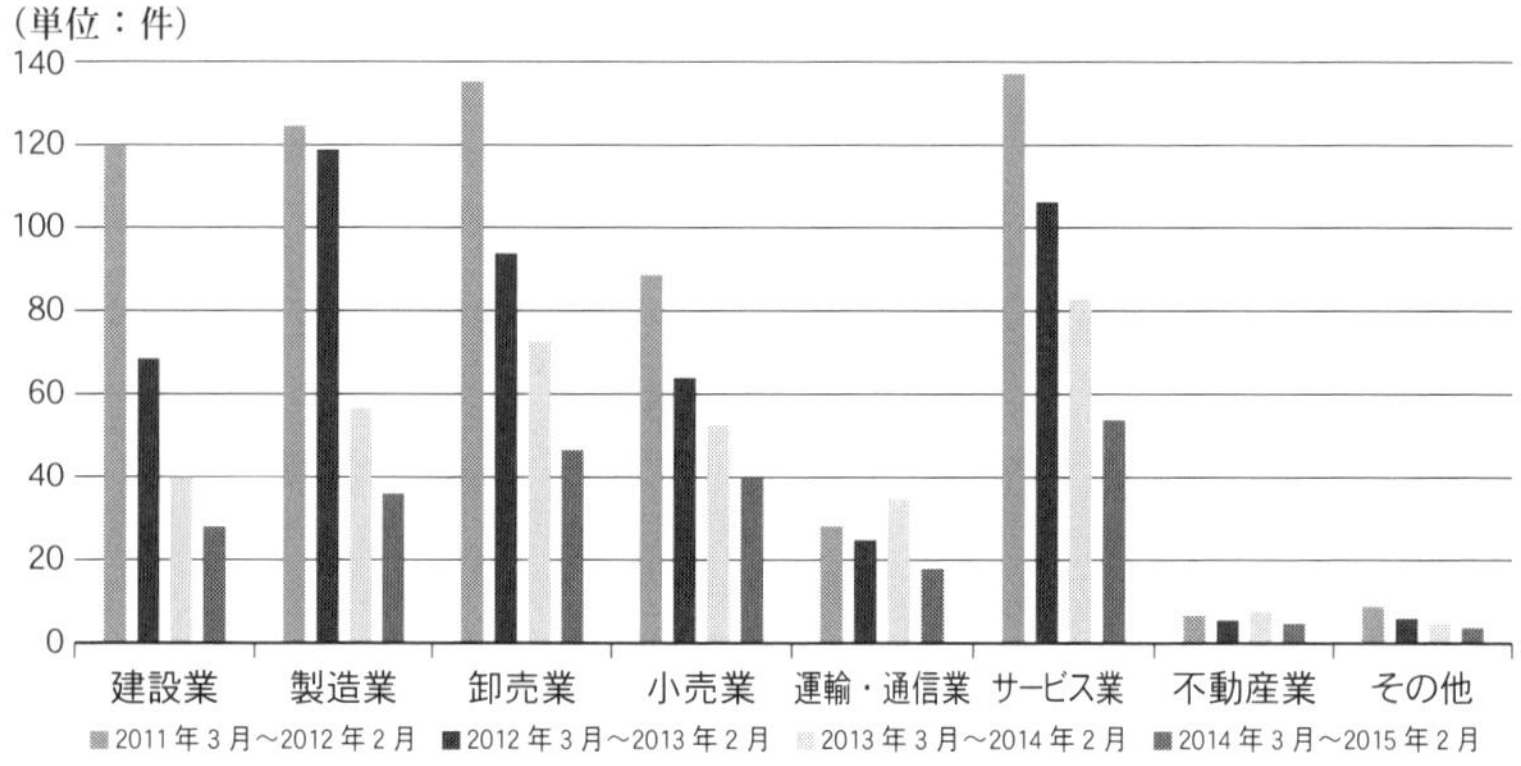

図7－2　業種別による倒産件数

（資料）図7－1と同じ。

続いて、業種別による倒産件数について見る。震災後一年では、建設業、製造業、卸売業、サービス業において、それぞれ一〇〇件以上の倒産が発生している（図7-2参照）。この震災関連倒産は、被災地である東北に位置する企業ばかりではなく、この震災の影響を被った全国の企業を含めた数値である。このような状況から、広範囲におよぶ地域において震災による打撃を受けた企業が多く存在していることが理解できるであろう。

さらに図7-1からも理解できるように、今日、倒産件数が減少しているものの、いまだ震災の影響を強く受け続けている業種もある。たとえば、サービス業である。震災が発端となり、一時休業もしくは風評被害による経営不振などの様々な要因により「破産手続き」や「民事再生法」を申請する旅館などが相次いでいる。またここ最近では、「原発関連企業」の倒産が増加している。帝国データバンクの調査によると、震災後一年目では七・二％であったものが、四年目では一五・五％に上昇している。[2]一九九五年に発生した阪神大震災時の関連倒産の推移と比較すると、東日本大震災時の四年目の倒産件数は阪神大震災一年目におけるその件数を上回っている。[3]このことから、東北地方太平洋沖地震による被災地企業への影響は多大なものであり、いまだなお震災の傷跡を色濃く残していると言えよう。続いて、震災による「二重債務問題」について概観する。

二、倒産につながる「二重債務」問題

東北地方太平洋沖地震により、企業ばかりではなく個人までもが「二重債務問題」(4)を抱えるようになってきている。被災前の債務に加え、震災後に発生した復旧のための新規設備投資や住宅の修繕もしくは建て直しのための資金が必要となり、二重に債務を組まなければならない厳しい状況に陥っている。この「二重債務問題」を軽減するため、政府主導による様々な対策が打ち出された。たとえば、震災前・震災後の債務に対する負担を軽減するための施策である。その対象は、事業再生を目指す企業、さらに住宅ローンを抱え再度住宅の購入を検討する個人に政策が提示された。

具体的には、事業再生を目指す企業の旧債務に関しては、政府が創設した機構や再生ファンドが出資もしくは債権の買い取りを実施することにより債務負担を軽減する施策を提供している（表7-1参照）。新債務に関しては、融資制度や信用保証制度を充実化させることにより、今後の事業経営の支援を行っている。同様に、個人の債務に対しても融資制度などの拡充を実行している。(5)個人向けの住宅ローンについては、債務免除という制度が用意されており、その私的整理手続きの相談件数にも増大傾向が見られた。(6)個人向けの支援については順調な兆しが見られる一方で、被災地企業への支援活動の進みには遅れが見られた。

しかしながら、この二重債務問題を解決するために対策が打ち出されたものの、中小企業の貸付債権を買い取る機構への利用が小規模であるという実態が報告された。なぜ、中小企業は貸付債権の買取機構を活用しないのであろうか。その理由として、買取機構の支援を受けることにより、他社から「経営難」もしくは「破綻状態」といった評価を受けることになることがあげられている。このことが二重債務問題をスムーズに解決することが

表７－１　旧債務および新債務への応対

	事業再生を目指す企業	住宅ローンを抱えている個人	原発事故被災者
旧債務	＊中小企業基盤整備機構や中小企業再生ファンドによる出資・債権買取の実施	＊住宅金融支援機構の住宅ローン利用者には払い込みの猶予かつ返済期間の延長、金利の引き下げ ＊住宅ローンの控除 ＊被災された個人の債務免除	
新債務	＊公庫などによる融資制度の拡充 ＊信用保証制度の拡充 ＊リースによる設備導入への支援策 ＊低コストで再出発可能な事業環境の整備	＊災害復興住宅融資（住宅金融支援機構）、金利の引き下げ、元金据置期間の延長、申込期間の延長	＊特別支援制度の提供
その他		＊公営住宅の提供	

（資料）　内閣官房ホームページ（2011年）、『いわゆる二重債務に対する政府の支援策を決定しました』
（www.cas.go.jp/jp/siryou/pdf/20110617program.pdf、2015年８月１日アクセス）。

できない状況の原因となっていたが、[7] 近年では、二重債務問題が徐々に解決しつつある。その証拠として東日本大震災事業者再生支援機構および産業復興機構の買い取り実績が伸びているという結果が報告されているということから、二重債務問題が解消する方向へと向かっているものと思われる。[8]

以上から、債務に対する負担が軽減することにより被災地企業の倒産は減少しているものの、今日、新たな問題として原発関連の倒産が増加していることが明らかになっている。このような状況から、被災地企業に対する金融支援について、金融機関は本来の役割や機能を果たしているのであろうかという疑問を抱くところである。そこで、金融機関による融資への取り組みについて概観する。

第二節　東北地方太平洋沖地震以降の震災地企業を支援する政府系金融機関の取り組み

一、商工組合中央金庫の金融支援の取り組み―震災地企業に安心を与える融資―

震災後、政府系金融機関および地域金融機関は被災地企業に対して様々な貸付制度を提供している。特に、政府系金融機関は政府からの発動による危機対応円滑化業務を担うことにより、迅速な貸付けを実施することができたという実績を有している（図7‐3参照）。

たとえば、政府系金融機関の一つである日本政策金融公庫では、政府からの財政投融資を受けることにより被災地の個人および中小企業者に国民生活事業および中小企業事業の二つの事業部から「東日本大震災復興活動特別貸付」を実行している。また、指定金融機関である日本政策投資銀行や商工組合中央金庫（以下、商工中金）などは、日本政策金融公庫と協定を結ぶことにより、被災地企業への融資資金を当金融公庫から貸付けを受けることができる。加えて、日本政策金融公庫がリスクの一部を補完することにより、指定金融機関は被災地企業に円滑に資金を提供する仕組みが整備されている。さらに指定金融機関は、本業である貸付けを実施する以外に、ここ最近では、地域経済活性化支援機構および宮城県仙台市に基盤を置く七十七銀行とともに復興そして地域活性化を目的としたファンドを創設している。ファンドへの期待については後述するが、被災地の金融機関がファンドの創立に参加できるのも、政府系金融機関をはじめとする公的機関の後押しがあるからこそ、被災地企業の復旧・復興に率先して支援することができるものと考えられる。

さらに公的機関においても、被災地企業に対して円滑な資金調達を促すような支援を実施している。たとえ

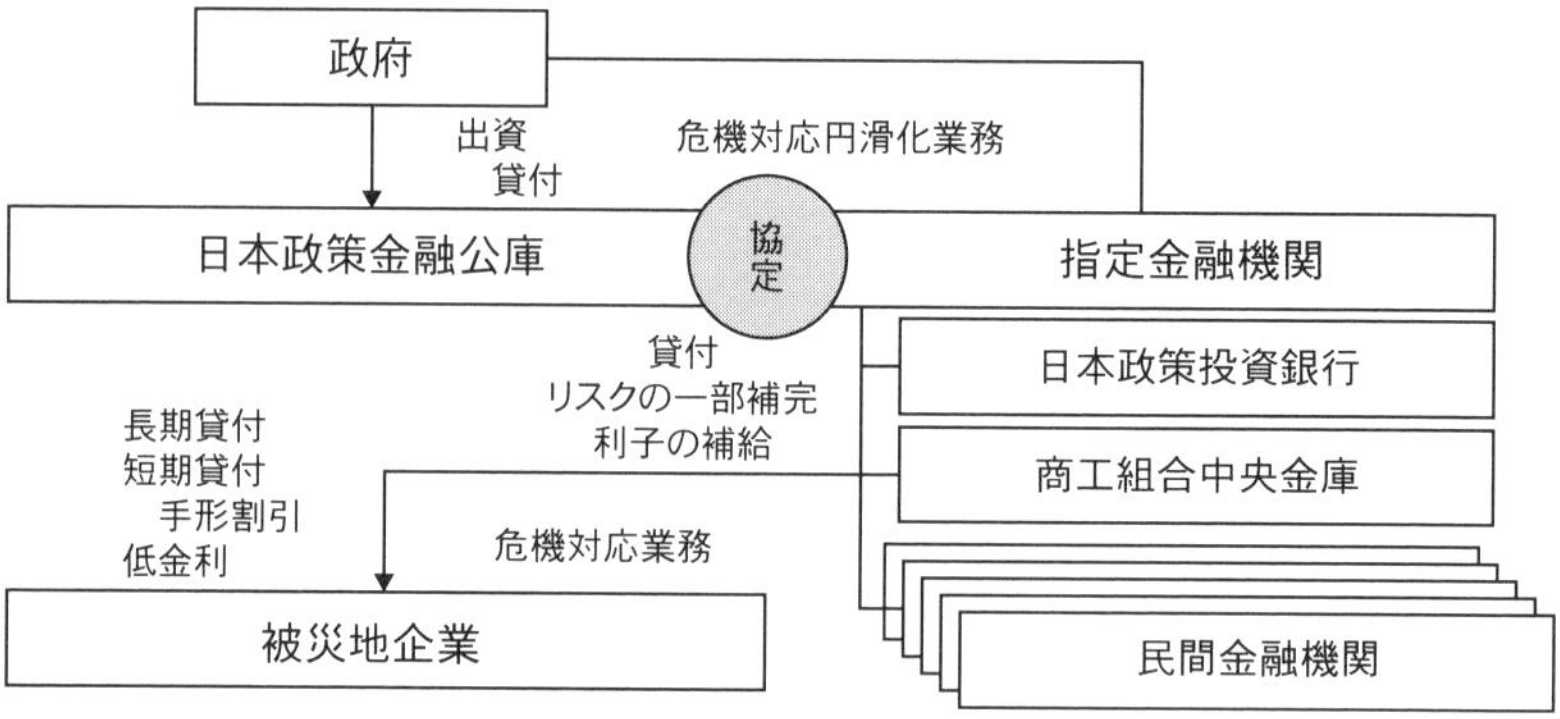

図7−3　危機対応時のお金の流れ

（資料）　中小企業庁ホームページ（http://www.chusho.meti.go.jp、2015年7月28日アクセス）および農林水産省ホームページ（http://www.maff.go.jp/j/syouan/douei/pdf、2015年7月28日アクセス）により作成。

ば、全国信用保証協会連合会では、震災により経営が悪化した中小企業および小規模事業者に対し、貸付けを受ける際に別途設けた保証枠を東日本大震災復興緊急保証として提供している[9]。加えて、震災による直接的な影響を受けた中小企業や小規模事業者には、災害関係保証を設定している。本節で紹介するのは、ごく一部の公的機関による資金調達面での支援に過ぎないが、中小企業基盤整備機構は、事業計画策定などの震災後の復興のための経営アドバイスの支援を実践している[10]。

本来であるならば、地域金融機関が率先して地元の被災地企業に融資や経営に関する助言活動を積極的に担う役割を果たさなければならない。しかしながら、被災地に基盤を置く金融機関も被災地企業であることに変わりない。このような現状から、政府系金融機関をはじめとする公的機関による資金調達面を支援する融資制度の提供、さらにはその後の経営アドバイスを実践することは、早急の復旧・復興を願う被災地企業にとっては重要な役割を果たしていると言えよう。

そこで本節では、政府の政策金融機関としての役割を担っている商工中金の取り組みについて概観する。商工中金は震災後の三月一四日には、被災者である中小企業に対して「災害復旧

表7-2　災害復旧資金と商工中金独自の震災融資制度の概要

	危機対応業務（損害担保付貸出）	商工中金独自の融資制度
対象者	「東北地方太平洋沖地震」により、被害を受けた中小企業者等	
資金使途	1.「設備資金（長期借入金）」　2.「運転資金（長期・短期借入金）」	
元高限度・残高限度	1社当たり元高20億円以内、残高1億5千万円以内（組合は別途）。罹災証明書がある者は上記の内、1社当たり元高1千万円以内（組合は別途）	限度額の定めなし
貸出期間	設備・運転：10年以内（据置2年以内）	設備：20年以内（据置3年以内） 運転：10年以内（据置3年以内）

（資料）　商工中金『NEWS RELEASE』2011年3月14日付により抜粋。

資金」の取り扱いを開始した。その際、被害を受けた中小企業等を対象に危機対応業務に基づく損害担保付貸出ばかりではなく、商工中金独自の融資制度を提供することになった（表7-2参照）[11]。この独自の融資制度では、元高限度および残高限度に関して限度額の定めが設けられていない。さらに、設備資金の貸出期間が二〇年以内と極めて長い返済年数が設定されている。

また、商工中金による危機対応融資の実績を見ると、震災後一ヶ月半で七二八件（三二九億円）の貸付けが行われている[12]。他方、日本政策投資銀行による実績を見ると、三件への貸付を実施している。その貸出総額は三二〇億円であり、そのうち東北電力に対しては三〇〇億円の緊急融資を実行していることから大型案件を取り扱っていると言えよう。このことから商工中金の危機対応融資は、被災地企業、特に中小企業を対象とした貸出であると推測される。震災後二ヶ月後の五月には、第一次補正予算が成立したことを受け、「災害復旧資金」を充実させた「東日本大震災復興特別貸付」が開始されている（表7-3参照）。続いて表7-4は、商工中金による特別貸付などを実行した企業の一部を紹介しているが、津波などで直接被害を被った被災地企業ばかりではなく、さらには間接的に震災の影響を被った企業に対しても融資を拡大している。また八月には、「全壊」もしくは「流失」の被害を受けた被害者そして原子力発電所の事故によっ

表７－３　東日本大震災復興特別貸付の概要

対象者	貸出限度額	貸出期間
今般の地震・津波により直接被害を受けた中小企業者等／原発事故に係る警戒区域等内の中小企業者等	３億円	設備：最大 20 年 運転：15 年 据置最大５年
上記の対象者の事業者等と一定以上の取引のある中小企業等	３億円	設備、運転：最大 15 年 据置最大３年
その他の理由により、売上等が減少している中小企業等（風評被害等による影響を含む）	７億 2,000 万円	設備：最大 15 年 運転：８年 据置最大３年

（資料）　商工中金『NEWS RELEASE』2011 年５月 23 日付により抜粋。

表７－４　商工中金による金融支援の取り組み

報道日	会社名	融資額	所在地	業種	資本金	災害内容	協調融資機関	注記
2011 年８月９日	北都レスター株式会社	１億 8,000 万円（特別貸付金１億 2,000 万円、信用保証協会保証付 6,000 万円）	宮城県仙台市	伝票印刷、一般商業印刷	5,000 万円	仙台工場が津波で全壊		
2011 年９月６日	株式会社スペース	5,500 万円（特別貸付金）	宮城県仙台市	写真製版、商業印刷、シール印刷	1,000 万円	工場の半壊		
2011 年９月 13 日	株式会社駅前ストアー	１億 3,000 万円（特別貸付金）	宮城県気仙沼市	スーパーマーケット	1,000 万円	津波で全壊	気仙沼信用金庫、日本政策金融公庫	
2011 年９月 30 日	松月産業株式会社	３億円（特別貸付金）	宮城県仙台市	ホテル業、不動産業	4,000 万円	ホテルの損壊	七十七銀行	
2011 年 11 月２日	株式会社朝日海洋開発	2,000 万円（特別貸付金）	宮城県大崎市	水中構造物各種工事など	500 万円	津波で機材流出		
2011 年 11 月 28 日	ワタヒョウ株式会社	１億円（特別貸付金）	宮城県仙台市	卸売業	7,500 万円	津波で LP ガス等の供給施設流出		
2011 年 11 月 29 日	モリヒロ水産株式会社	１億円（特別貸付金）	宮城県石巻市	水産食品製造業	2,000 万円	水産製造業		
2011 年 12 月 20 日	仙台伊澤勝山酒造株式会社	3,000 万円（特別貸付金）	宮城県仙台市	食品製造業	5,000 万円	酒蔵の被害、商品在庫の破損		
2011 年 12 月 22 日	気仙沼三菱自動車販売株式会社	8,000 万円（特別貸付金）	宮城県気仙沼市	自動車販売業、書店	3,000 万円	津波で書店が全壊		

（つづく）

2011年12月22日	株式会社エンドーチェーン	3億円（特別貸付金）	宮城県仙台市	商業ビル運営	1億円	仙台駅前の商業ビルの大規模被害		
2011年12月29日	株式会社福田商会	1億8,000万円（特別貸付金）	宮城県仙台市	卸売業	2,000万円	肥料の流出		
2012年1月31日	株式会社タケヤ交通	1,500万円（特別貸付金）	宮城県柴田郡	旅客運送業	1,000万円	風評被害		
2012年2月6日	石巻ガス株式会社	5億円（危機的対応業務「資本的劣後ローン」	宮城県石巻市	ガス供給業	2億5,000万円	大規模被害		
2012年3月1日	株式会社シェリール	1,500万円（特別貸付金）	埼玉県秩父市	女性用下着製造業	1,000万円	岩手県陸前高田市の工場の一部損壊		
2012年3月5日	株式会社丸ほ保原商店	1億円（特別貸付金）	宮城県石巻市	鮮魚魚介類、海藻卸加工	3,000万円	一部の工場の損壊、在庫流出		
2012年3月6日	株式会社十万石ふくさや	1,600万円（特別貸付金）	埼玉県行田市	菓子製造販売業	4,000万円	国の登録有形文化財に登録されている本店の一部損壊		
2012年3月29日	東宝運輸倉庫株式会社	1億円（特別貸付金）	宮城県仙台市	自動車運送業、倉庫業	1億円	事務所などの損壊		
2012年3月29日	hakkai株式会社	2億円（親子ローン）	新潟県南魚沼市	精密プラスチック金型成型製作など	5,730万円			海外展開支援資金
2012年8月9日	南三陸冷凍水産物協同組合	5,000万円	宮城県本吉郡	倉庫業	5,000万円			地域復興のための融資
2012年8月31日	株式会社豊和化成	4億円（シンジケートローン）1億円（資本的劣後ローン）	愛知県名古屋市	自動車内装品製造	4,000万円		シンジケートローン：十六銀行（3.6億円）	金融危機および震災による経営改善のための融資
2013年1月10日	お茶の井ヶ田株式会社	1億円（特別貸付金）	宮城県仙台市	茶販売業	不明	喫茶の損壊		
2013年2月22日	名古屋メッキ工業株式会社	6億円（特別貸付金）	愛知県名古屋市	表面処理加工業	2,000万円			生産能力増強のため
2014年10月31日	塩竈倉庫株式会社	5億円（1億6,000万円商工中金、5,000万円危機対応業務「資本的劣後ローン」）	宮城県塩竈市	倉庫業	7,000万円		日本政策金融公庫、杜の都信用金庫、七十七銀行	

（資料）　商工中金ホームページ、（http://www.shokochukin.co.jp/finance/case/safetynet.html、2015年6月29日）により作成。

て災害を被った区域内に事業所を有する者に対して「中小企業災害復旧資金利子補給制度」の提供を施すことにより、当該貸出についての実質金利を当初三年間はゼロにする制度を開始した[13]。その後、第三次補正予算の成立により、危機対応融資における金利の軽減を実行することにより、被災地企業の負担を支援している[14]。

さらに商工中金では、単独での融資を実施するばかりではなく、被災地である地元金融機関とともにシンジケートローン[15]の組成にも取り組んでいる。たとえば、直接的な被害を受けた宮城県気仙沼市でスーパーマーケットを営む「駅前ストアー」に対しては、日本政策金融公庫および気仙沼信用金庫とともに、三金融機関で総額三億六〇〇〇万円のシンジケートローンを実施した[16]。同社はこの融資により津波で全壊した店舗の再建に取り組むことにより再スタートしている。また、間接的に影響を被った愛知県名古屋市に所在する豊和化成（自動車内装品製造）に対しても、近隣である岐阜県内に基盤を置く十六銀行とともにシンジケートローンが実行されている。その際、商工中金が四億円、十六銀行が三・九億円、貸出総額七・九億円の巨額資金を融資することになった。この融資資金は、同社が抱えていた借入金の一括返済に充当されることになった。このことにより、同社は震災前の借入れ条件を見直すことができると同時に、財務内容を改善する契機にもつながったと高く評価されている[17]。

以上から、政府系金融機関が災害時に政府主導のもとで融資制度を発動することにより被災地企業に対して迅速な資金提供を可能にしている。加えて、被災地の地域金融機関とシンジケートローンを組成することにより、地元の金融機関としての役割を果たすことができたと言えるだろう。復旧・復興のための新たな融資の手法としてシンジケートローンの組成に地域金融機関が参加できるのは、政府系金融機関との協調が大きな契機になっていると推測される。

二、震災地企業の安心できる融資手法とは何か「資本的劣後ローン」

昨今、「資本的劣後ローン」という融資手法について耳にすることが多くなってきている。資本的劣後ローンは、二〇〇四年に導入された新たな融資手法であり、金融機関が中小企業に融資するに際し、「負債ではなく、資本とみなすことができる借入金[18]」としての意味を有している。資本が脆弱な中小企業にとって、負債に計上されない有利な融資手法は、導入当初からその利用が増加するものと期待されていたが、貸付制度が限定的なものであるということから金融機関側は積極的に活用するに至らなかった。そこで二〇一一年一一月、金融庁では、金融機関や中小企業に資本的劣後ローンを積極的に活用させるために、この手法を利用する条件について明確化することになった。この資本的劣後ローンは、震災の影響を受けた中小企業にも活用できるということにより、活用条件が明確化した後の二〇一二年の実績を見ると、地域金融機関による利用が大幅に増大することになった[19]。

金融庁では、この資本的劣後ローンにおける活用のメリットとして二つの事項をあげている。第一に、資金繰りの改善である。基本的に、長期の期限一括償還かつ業績連動型金利が設定されているため、無理なく返済することができる。第二に、金融機関からの円滑な資金調達の実現である。通常の融資であるならば負債に計上されるが、この手法は負債を資本とみなすことができるため、負債を抱えていないに等しい財務状況となる。そのため、中小企業側から見ると資本の部分が強化されることにより自己資本比率が高くなる。つまり、財務基盤の強化につながることを意味している。このことを受け、中小企業は金融機関による新規もしくは追加融資が受けやすい環境が整備されることになると期待される。

資本的劣後ローンを活用する上での定義に関する明確化を受け、さらには二〇一一年度の第三次補正予算により「中堅企業等向け資本性劣後ローン」が開始されることになった。この第一案件として資本性劣後ローンに取

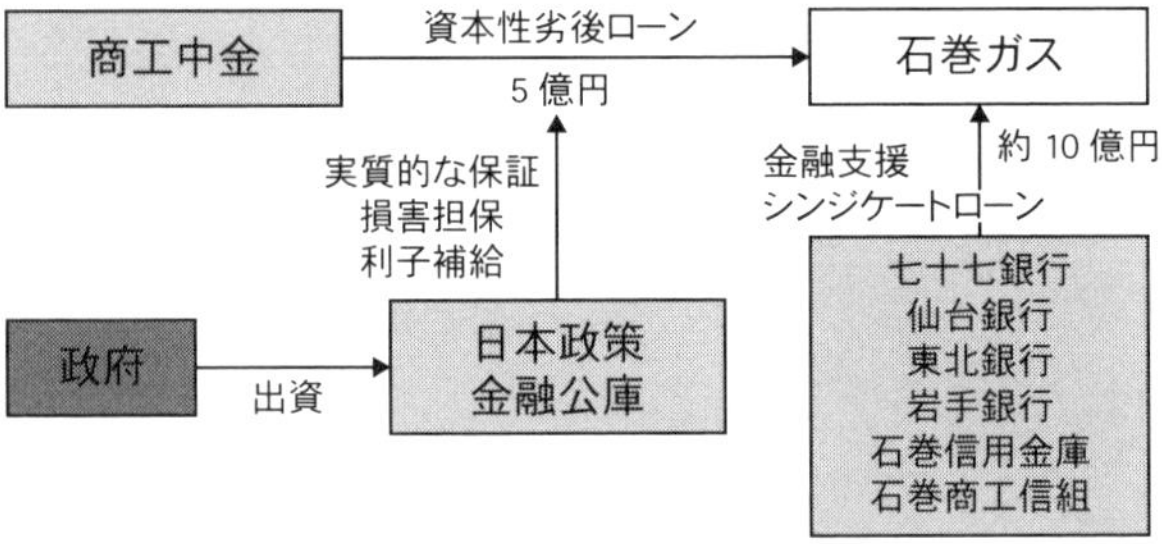

図 7－4　商工中金による資本性劣後ローン

（資料）　経済産業省『News Release』2012 年 2 月 6 日を参考に作成。

り組んだのが商工中金である。商工中金は、宮城県石巻市においてガス供給業を営む石巻ガスに対して五億円の劣後ローンを実行した。前述したように、資本性劣後ローンは負債でありながら資本とみなすことができるため、石巻ガスの資本の強化が実現された。この融資により「商工中金から劣後ローンを受けた企業の信用力が強まり、民間の金融機関が融資しやすくなる」[20]と評価されている。このことを受け、地元金融機関である七十七銀行、仙台銀行、東北銀行、岩手銀行、石巻信用金庫、石巻商工信組が石巻ガスに対して約一〇億円ものシンジケートローンを組成することができた。

その一方で、資本性劣後ローンには、モラルハザードを引き起こす要因が残されていると指摘する声もある。資本性劣後ローンのメリットそのものが、モラルハザードにつながる場合がある。太田（二〇一三年）は、経営改善計画の提出が必須でないため（准資本型）、業績回復が見込めない企業までもが資本性劣後ローンを活用する可能性があることを強調している[21]。そのうえで、資本性劣後ローンにおける利用は、不良債権を生み出す可能性を孕んでいると問題を提起している。

以上から、政府および政府系金融機関である商工中金が率先して金融環境を整備することにより、被災地に基盤を置く地域金融機関にも積極的な融資を促す役割を果たしていると考えられる。このことを受け、二〇一五年五月、商工中金の民営化が先送りされる法案が通過することになった。(22) このことからも理解できるように、震災後の政府系金融機関が果たした役割は重要なものであり、そのことが高く評価され、現在では中小企業への資金調達支援を政府から義務付けられるようになってきている。続いて、次節では地域金融機関の取り組みについて概観する。

第三節　地域金融機関が取り組む新たな融資支援策

一、地域金融機関による被災地企業への支援活動

政府系金融機関が支援活動の主導的役割を果たすことにより、地域金融機関による被災地企業への融資手法にも影響を与えている。前述したように、地域金融機関によるシンジケートローン組成の参加があげられる。震災後という混乱が生じている状況の中で、地域金融機関は政府系金融機関と共同であるからこそ、シンジケートローンの活用が実現できたとも考えられる。

さらに震災以降、地域金融機関は被災地企業に対して資金需要を支援するばかりではなく、復興に向けた経営アドバイス、ビジネスマッチングの取り組みなども実施している。表7-5は、地域金融機関による復興支援の取り組みの一部である。地域金融機関は被災地企業である取引先に対して失われた販路を取り戻すために、そして通販カタログの作成により新規顧客を獲得するための支援を積極的に行っている。また仕入先の確保を実現するために、当行の顧客を取引先として紹介するなど、政府系金融機関と異なり、地域金融機関だからこそ実践できる支援を提供している。

このように支援体制が整備される環境のなか、ユニークな融資手法により被災地企業を支援する地域金融機関

表７－５　地域金融機関による復興支援の取り組み

	支援タイトル	取り組みの概要
岩手銀行	復興再生支援	事業再建の工程表作成支援、商材斡旋や販路紹介、事業承継など
岩手銀行	取引先の販路拡大支援	各種商談会、物産展の開催、通販カタログの作成
七十七銀行	取引先に対するコンサルティング機能の発揮	復興のための専門家の紹介、協調融資の支援など
七十七銀行	復興ビジネス商談会の開催	販路喪失および風評被害を払しょくするための販路拡大のための商談会開催
七十七銀行	取引先に対する ABL の取り組み	取引先のクレーンを担保に ABL を提案し、運転資金として融資
七十七銀行	取引先に対する ABL の取り組み	取引先の電子記録再建を担保に ABL を提案し、運転資金を提供
七十七銀行	代替仕入先確保のためのビジネスマッチング	仕入れ先確保として、当行の取引先を紹介および商談の成立
東邦銀行	住宅ローン利用者への対応	住宅ローンの相談窓口の設置、返済条件変更対応時の取扱いの改訂、新たなローン商品の紹介など
東邦銀行	取引先に対するビジネスマッチングの機会提供	当行オリジナルの通販カタログを作成し Web 上で販売支援、商談会の開催など
常陽銀行	復興プロジェクトの推進	復興ファンドの組成（日本政策投資銀行と共同）、販路拡大支援など
筑波銀行	地域復興支援プロジェクトの実践	融資推進の円滑化、事業再生支援など
足利銀行	災害復旧に向けた顧客支援	復興支援プロジェクトチームを中心とする事業活動の正常化を支援
東京都民銀行	復興支援	保証協会の保証が付与された災害緊急による資金供給
池田泉州銀行	復興応援融資の実行	間接被害を被った関西を基盤とする取引先に積極的に融資
池田泉州銀行	大阪で東北企業のためのビジネスフェアの開催	被災地金融機関（東邦銀行、七十七銀行、岩手銀行、東北銀行）と協力し、ビジネスフェア開催

（資料）一般社団法人全国地方銀行協会『東日本大震災からの復興支援の事例（全 25 事例）』2012 年（www.chiginkyo.or.jp/app/images/pdf、2015 年８月 20 日アクセス）により作成。

が台頭している。その手法とは、ＡＢＬ（Asset-based lending、動産担保融資）である。そこで、まずＡＢＬとは何かについて概説する。

二、ＡＢＬとは何か

ＡＢＬとは、企業が保有する動産、たとえば売掛金、機械設備、在庫など、即座に売却できる動産を担保に金融機関が企業に融資する手法である。海上（二〇〇八年）は、単に資産というのであるならば、不動産や有価証券も含まれることになるため、ＡＢＬを以下のように説明している。ＡＢＬとは、「売掛金や在庫など流動性の高い事業収益資産を担保とし、その資産価値に依拠した貸出[23]」と定義付けられている。このようなＡＢＬを実施した金融機関は、企業が返済することができなくなった場合、担保として設定した動産を素早く売却することにより融資資金を回収することができる、というメリットを有している。

ここ数年、日本でもＡＢＬという言葉を耳にするようになったものの、米国の取り組みと比較すると、いまだ融資手法の一つとして定着していないのが現状である[24]。日本における中小企業は金融機関から融資を受けるのに際し、従来から担保として不動産を設定するのが一般的であった。土地神話が崩壊しても、動産を担保に融資を受けるという手法は、日本では新しいものとして受け入れがたいものになっている。そもそも米国におけるＡＢＬは、日本とは異なり一般的な融資手法として認識されており、換金性の高い動産を担保として設定されている[25]。さらにＡＢＬは、通常、中小企業などの運転資金や特定の季節に必要となる資金を調達する手段として活用されている。海上（二〇〇八年）は、「米国においては、通常の貸出に際しても、売掛債権や在庫を担保に含めるケースがよくあるが、これは、売掛債権や在庫をいわゆる〝添え担保〟として、補助的に扱っているケースであり、それらの資産価値に依拠した貸出とはいえない[26]」と論じている。

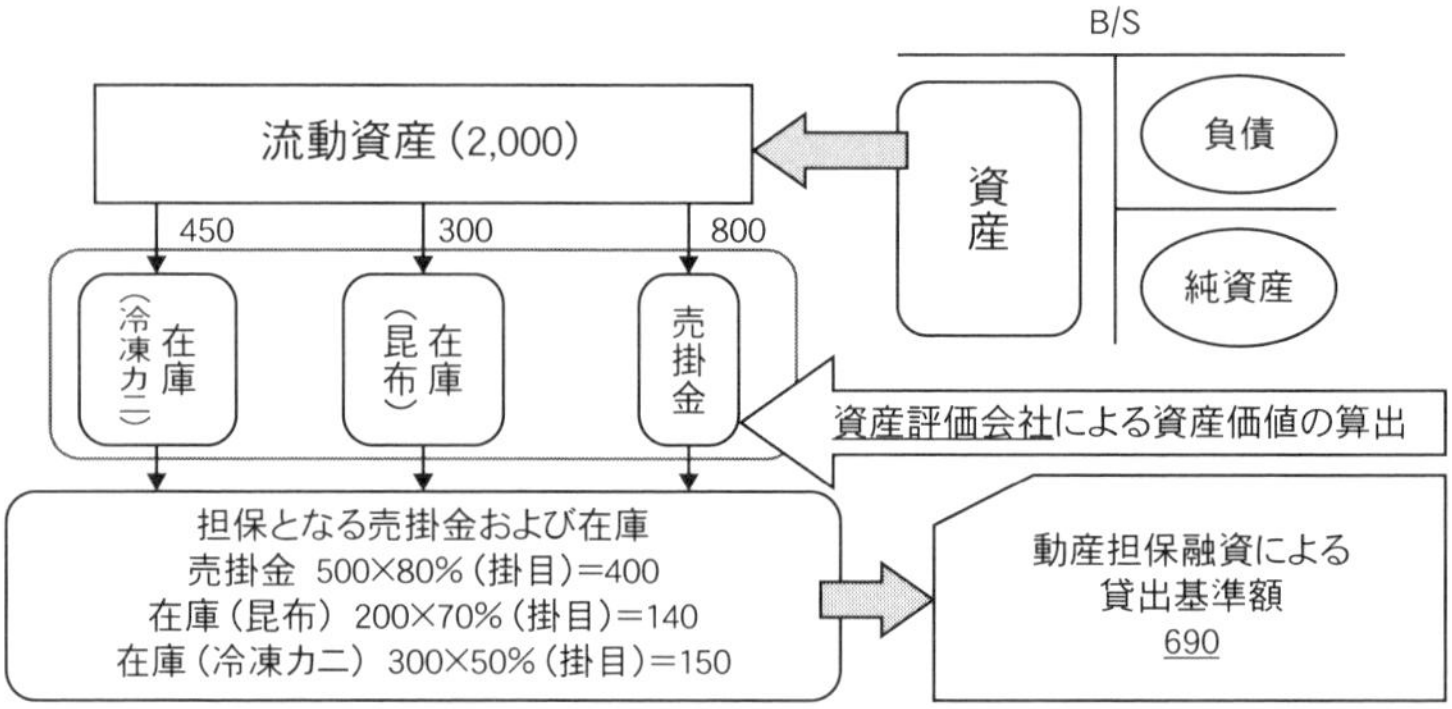

図7−5　ABL による融資を受けるまでのプロセス

（出所）　森谷智子「ABL とは何か―ABL を推進させるための条件―」『年報　中小企業・ベンチャービジネスコンソーシアム』第9号、2011 年、20 頁。

そこで、ＡＢＬによる融資を受けるまでのプロセスについて説明する（図7‐5参照）。たとえば、Ａ社はＡＢＬの対象資産として売掛金および在庫を保有していると仮定する。その際、Ａ社の売掛金が八〇〇、在庫（昆布と冷凍カニ）が七五〇とする。この合計金額は一五五〇であるが算出された資産額がそのまま融資額として適用されることはない。金融機関が融資額を決定する前に、資産評価会社が担保資産の本来の価値を算出する作業が残されている。さらに、金融機関は担保となる資産に掛目を設定している。この掛目は、金融機関によって異なると言われているが、本節では売掛金が八〇％、昆布が七〇％、冷凍カニが五〇％と仮定する[27]。これに基づき貸出基準額を算出すると六九〇になるが、通常この額より高めにクレジットラインが設けられている。

近年、ＡＢＬは金融サービス業界において担保資産の価値に焦点をあてた融資手法として定義付けられるようになってきている[28]。これまでの伝統的な金融機関は、在庫、売掛金、機械設備などの資産、そして特許、トレードマークのようなものを担保対象として評価していなかった。また、多くの金融機関は、ＡＢＬを実施するとしても最後の融資手段として位置付けていた。しかしながら、現在の経済環境の変化、目覚ましい金融技術の進歩において、ＡＢＬは金融機関と借手にとって魅力的な融資方法になってきていると評価し直されている。[29]

ＡＢＬは、①急激に成長している企業、②小売業、③卸売販売業の資金調達手段に適していると言われている。[30]そこで被災地における倒産業種を見ると、サービス業に続いて小売業および卸売販売業が大きな打撃を被っている。[31]このような小売業や卸売販売業の倒産を回避するためにも、被災地企業にとってＡＢＬは有効的な資金調達手段になり得ると考えられる。そこで、次節では石巻信用金庫による被災地企業に対するＡＢＬの取り組みについて概観する。

三、石巻信用金庫によるＡＢＬの取り組み

ＡＢＬは、売掛金や在庫などの動産を担保とすることにより、貸出企業への経営実態を正確に把握することができるというメリットを有しているが、コスト面におけるデメリットの方が大きいということから、日本では定着するのが難しいと考えられてきた。さらに、地域金融機関による融資では、九割以上が不動産を担保に設定しているということから、動産を担保に融資をするということは、金融機関にとっても企業にとっても新たな挑戦でもあったと推測される。もちろん、震災前からＡＢＬに積極的に取り組んでいる地域金融機関も存在している。

しかしながら震災以降、被災地企業に対してＡＢＬによって融資する地域金融機関の取り組みが顕著に見られるようになってきている。特に、東北における地域金融機関による取り組みが増加している。たとえば宮城県仙台市を基盤とする七十七銀行では、地域特産品を担保にＡＢＬを実行している。ここ最近では、金融機関内において動産評価アドバイザーの資格を有する人材も増加している。[32]また、日本銀行はＡＢＬに取り組む金融機関に資金供給を実施していることも動産担保による融資の増加の要因にもなっているのではないかと推測される。こ

こでは、被災地企業にＡＢＬを実施した石巻信用金庫の取り組みについてみる。

石巻信用金庫は、震災前からＡＢＬに取り組んでいたという実績を有している[33]。震災以降、宮城県女川町に基盤を置く銀鮭の養殖や加工、牡蠣の加工などを営む（株）マルキンにＡＢＬを実行した。これまで石巻信用金庫は売掛金や機械設備を担保としたＡＢＬを手掛けてきた。今回は、同社が有する在庫、具体的には冷凍魚介類、冷凍加工品などを担保にＡＢＬが組成される運びとなった[34]。

同社は、津波の影響で本社工場の全壊、さらには施設や在庫までもが流失するという事態に陥った。復旧・復興のための公的支援によって施設を再スタートすることが叶った。その後、早い時期から復旧した同社への発注が急激に拡大し、仕入れに必要な運転資金を獲得しなければならない状況に至った[35]。このような場合、メインバンクが支援するのが一般的であるが、当時、非メインバンクであった石巻信用金庫が同社にＡＢＬ手法を紹介することになった。このＡＢＬにより、同社は日々の運転資金を確保できたことで取引を滞りなく進めることができたと評価されている。勿論、同社の商品に関するブランド価値が市場で確立しているということもあり、ＡＢＬの担保として適切であったということも融資実行の条件になっているであろう。また、このＡＢＬ手法で同社の復旧・復興の躍進につながった一番の要因は、企業と金融機関の積極的なコミュニケーション、なおかつパートナーとして同社が信頼できる地域金融機関が存在すると同時に、支援の手助けを実現することができたことがあげられている[36]。

地域金融機関は、地元の企業に貢献する役割を担うと同時に、その地域に寄り添った活動を展開しているのは周知の通りである。政府系金融機関による支援も被災地企業の復旧・復興に大きな役割を果たしているが、長期的かつ継続的な今後の取引を考慮すると、地元に寄り添う地域金融機関による支援は絶大な意義を有していると考えられる。

震災前、地域金融機関を中心にＡＢＬが積極的に組成される時期もあったが、単にコストがかかる融資手法として位置づけられてきた。そのため二〇〇〇年代半ば以降、ＡＢＬの活用が減少することになった。しかしながら震災以降、石巻信用金庫の他にもＡＢＬに取り組む地域金融機関が台頭している。震災により工場・施設の全壊・流失、土地価格の下落により融資の際に必要となる伝統的な担保資産が全くない状況で、売掛金、機械設備、在庫のような換金性が高いものが意義を有する資産になり得る可能性が高くなる。このようなことを考慮すると、震災以降のＡＢＬは高コストというデメリットを上回る役割を果たしていると断言できるのではないか。

第四節　復興を支えるファンドへの期待

一九九一年のバブル崩壊以降、日本企業の再建のための外国ファンドの台頭および国内ファンドの活躍が見られるようになった[37]。特に、事業再生のためのファンド等が顕著な動きを展開している。もちろん、現在でも活躍しているファンドも存在している。さらにファンドとは別に、公的機関が中心となり、期間限定で企業再生機構が設立され、再生の見込みがある企業の支援を実施してきた[38]。このような実績から、再生のためのスキルについては国内で熟知されているのは確かなことである。

日本政策投資銀行、東京都民銀行、再生ファンドが出資した「とうきょう活性化基金」のように、ここ最近、財務内容が良好とは言えないものの、成長性が見込めるような収益力が高い中小企業に新規の投融資を実施することを目的に創設された新しいファンドも台頭している[39]。これまでのファンドの活動は再生のための、つまり後ろ向きの投融資としての意味合いが色濃かったが、この活性化基金は成長を支える意味合いを有する前向きな投融資と考えることができるであろう。このように様々な目的を有するファンドが設立され、再生や成長への期待が寄せられている。それは、震災後、より一層強まることになった。

松尾（二〇一三年）は、震災後の復興における取組みについて、政府、自治体、民間（大手銀行、証券会社、地方銀行、信金・信組、ファンド等）について詳細に概説している。[40]そのなかで、紹介されている福島県内の「うつくしま未来ファンド」は、震災前から設立されている。当ファンドは、中小企業基盤整備機構、福島県信用保証協会および一〇行の金融機関が出資することにより創設された。[41]ファンドの設立目的は、「過剰債務等により経営状況が悪化しているものの、本業には相応の収益力があり、財務改善や事業見直しにより再生可能な福島県内の中小企業を対象に、中長期的に金銭債権の買取りや株式出資等の投資を行い、債務の軽減等を図るとともに、継続的な経営支援を行い、中小企業の再生を支援する」[42]ことであると謳っている。創設発表以前から、このファンドの投資先件数は二〇一〇年三月末時点で一四四社と報告されている。このように、公的機関との共同によって地域金融機関も大型ファンドの創設に参加することが可能となっている。

震災前から、地元中小企業のための再生支援ファンドの創設に関わっていたことが直接の要因になったと強調することはできないが、福島に基盤を置く東邦銀行が日本政策投資銀行とともに、震災後の早い時期から「ふくしま応援ファンド投資事業有限責任組合」を立ち上げることになった。[43]公的金融機関とともに取り組むことにより、巨額な出資金が必要なファンドを組成することができると同時に、地元金融機関として被災地企業の復旧・復興に貢献している。

そこで、「ふくしま応援ファンド投資事業有限責任組合」の取り組みについて概観する。当ファンドでは、福島県いわき市に所在を置く常磐興産（株）の施設の一つであるスパリゾートハワイアンズの復旧・復興を実現するために支援を決定した。常磐興産（株）への支援として同社が発行するB種優先株を第三者割当として引き受けた。他の二つのファンドも同額のB種優先株に投資をした。[44]同社が発行したB種優先株の内容は、二〇一六年

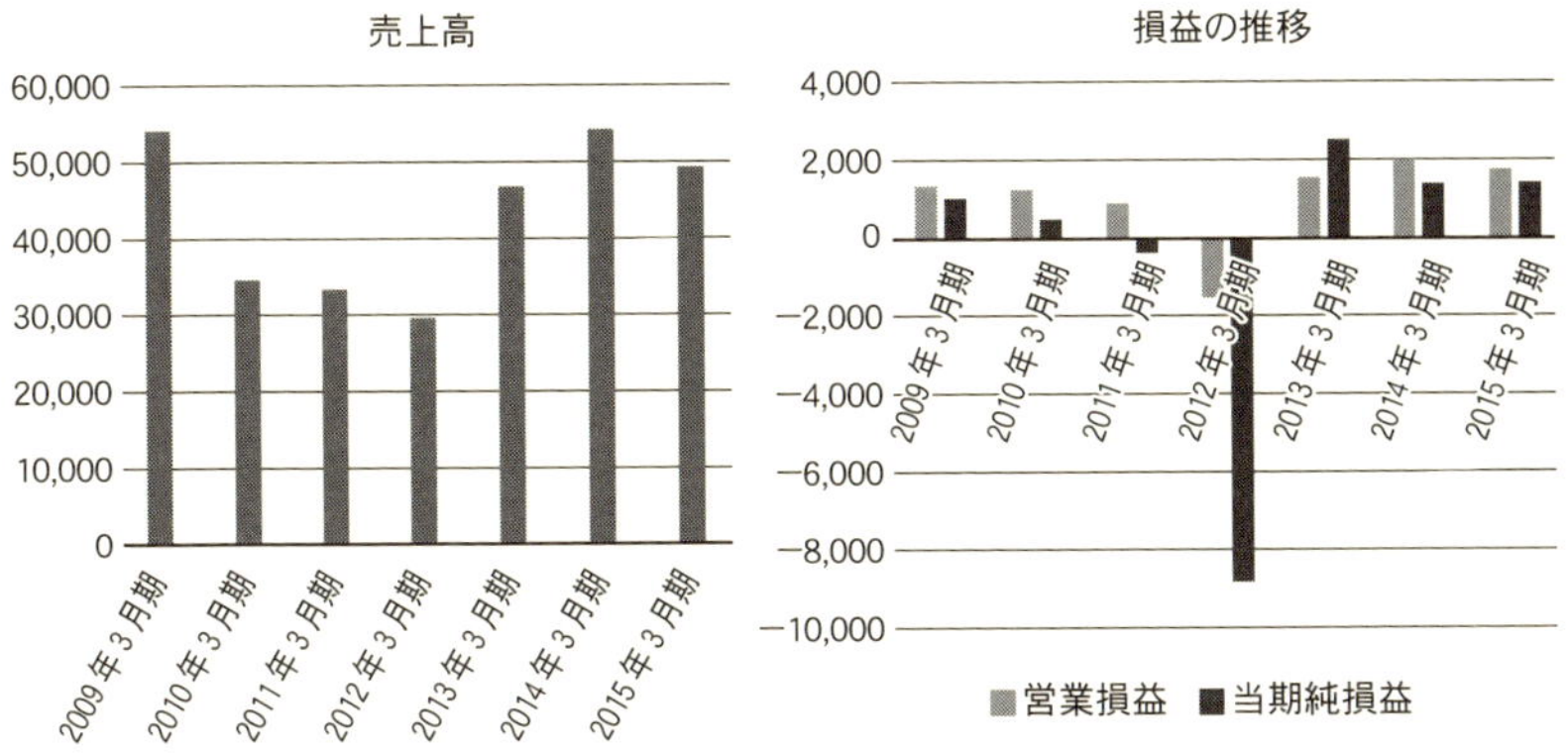

図7－6　常磐興産（株）の財務状況

（注）　単位：100万円。
（出所）『有価証券報告書』により作成。

一一月二一日まで償還請求には応じない、なおかつ発行期日（二〇一二年一月三〇日）から三年が経過するまでは普通株に転換できないことが定められたものである。[45]このB種優先株は三〇億円発行され、各ファンドが一〇億円ずつ引き受けることになった。さらに、同社は八つの金融機関によるシンジケートローンの実行により七〇億円の融資を受けることになった。[46]この融資により、同社は一〇〇億円の資金を調達することができた。

そこで、震災直後、約半年間の休業を経て再開した同社の大規模な施設であるスパリゾートハワイアンズの状況を踏まえて簡単に概観する。風評被害などで客足が減少するのではないかと懸念されていたが、震災直後、売上高や利益が落ち込んだものの、それは一時的なものであり、近年、震災前の売上高に回復しつつある（図7-6参照）。続いて利益について見ると、震災後、営業利益および当期純利益にマイナスが生じることになった。当期純利益のマイナス要因をみると、災害による損失が大きな割合を占めていた。しかしながら、その後、震災前の売上高へと回復することにより、震災前の利益を上回る結果を生み出している。さらに同社のROE（自己資本利益率）は、ここ数年二〇％と高い利益率を維持している。もちろん、シンジケートローンの実施を受けて、財務レバレッジが高まった可能性もあるであろう。

地道に回復してきた背景には、ファンドおよび協調による融資の組成に参加した金融機関の姿があるのではないだろうか。もちろん、シンジケートローンを組成した金融機関は同社に対し返済することを第一条件としているのは当然であるが、あくまでも復興支援政策の融資手法の一つであることに間違いはない。また、ファンドが保有している直近のB種優先株保有状況を見ると、現時点（二〇一五年三月期）で三つのファンドが保有し続けている。つまり、これらのファンドは普通株に転換することなく、いまだ優先株として持ち続けているのである。このことから、普通株を保有している既存の株主の利益を毀損することもなく、同社は復興のためだけに経営に専念することができている成果であると言える。以上から、ファンドの復興の力は絶大なものと言えよう。さらに、地域金融機関がファンドに参加することにより、被災地企業は期待に応じようとする姿勢が強化されるものと思われる。

おわりに

被災地企業に対する復興への金融支援について概観してきた。企業の資金調達は多様化しているというが、中小企業の資金調達手段は信用力の面から限定されている。不確定要素を抱えている震災地の中小企業であるならば、さらにその手段は限定される。

しかしながら、政府系金融機関が主導することにより被災地の金融機関を巻き込み、被災地企業を支援している。これまで懸念されていたような融資手法が、ブランド価値が高い被災地企業の復興を後押しするような体制が整いつつあることが石巻信用金庫の事例から明らかとなっている。

さらに復興を応援するファンドに関しても、政府系金融機関が主導権を握ることにより被災地の金融機関もファンドへの出資や創設に参加することが可能となり、地元の中小企業に貢献している。地域金融機関だからこそ、入手できる中小企業の情報もある。そのことを考慮すると、地域金融機関は公的金融機関およびメガバンクよりも優位な立場になるであろう。このことから、地域金融機関の存在は、被災地企業の存続を左右するような影響力を有する可能性が秘められている。

企業金融に関しては、安心・安全という言葉はないに等しい。しかしながら、復旧・復興を実現するためには、前述したケースのように「信頼」の文字は欠かせないであろう。被災地企業と金融機関はパートナーとしての「信頼」があったからこそ、今日でみられる復旧・復興に繋がるものと考えている。

注

(1) 東北地方太平洋沖地震発生から四年間の一件当たりの負債額を見ると、一年目は約一三八〇百万円、二年目は約八五五百万円、三年目は約四一七百万円、四年目は約四二四百万円である(帝国データバンク、二〇一五年、二頁参照)。一件当たりの負債額は、負債総額÷倒産件数により、筆者が計算したものである。

(2) 帝国データバンク、二〇一五年、二頁。

(3) 同上。

(4) 植杉威一郎・内田浩史・小野有人・細野薫・宮川大介(二〇一三年)は二重債務問題について必ずしも明確な定義が提示されていないと指摘している(五～九頁)。政府が掲げている定義と一般的に使われている定義とでは若干の不一致が生じているという。本章では、一般的に述べられている震災前と震災後の借入金を合わせた二重の債務かつその債務負担を軽減するためにはどのような施策があるのかを意味するものとして活用する。因みに、政府では震災前のローンが負担となり新規に融資を受けられない等の問題(内閣官房ホームページ『二重債務問題の対応方針』二〇一一年六月一七日付、www.cas.go.jp/jp/siryou/pdf/20110617taiouhousin.pdf、二〇一五年八月二五日アクセス)として捉えている。

(5) 宮城県仙台市では、個人に対して以下の事項を実施している。「自治体の集団移転に参加する住宅ローン契約者について、土地などの抵当権を条件付きで抹消(『日本経済新聞(朝刊)、二〇一一年一二月二九日付』」する取り組みを提供している。

(6)『日本経済新聞（朝刊）』二〇一一年八月二三日付。

(7)『日本経済新聞（朝刊）』二〇一二年八月七日付。

(8)『日本経済新聞（朝刊）』二〇一四年三月九日付。二〇一五年八月六日に発表された東日本大震災事業者再生支援機構の資料によると、債権買取り（一部債務免除）は五八二件（四〇二件）、新規融資への保証は一九四件、出資は一〇件、つなぎ融資は三三件である。前年と比較すると飛躍的に拡大している。

(9)これまでの全国信用保証協会による保証実績について概観する。東日本大震災復興緊急保証の活用を見ると、二〇一一年五月一日から二〇一四年一月末まで一〇万件を上回る実績を残している（中小企業庁ＨＰ、http://www.chusho.meti.go.jp/kinyu/shikinguri/earthquake2011/index.htm. 二〇一五年八月一日アクセス）。特に、東京信用保証協会による活用が顕著である。その他、東日本大震災に係る災害関係保証（二〇一一年三月一四日から二〇一四年一月末）およびセーフティネット保証五号（二〇一一年三月一四日から二〇一四年一月末）による承諾実績を見ても、被災地である東北よりも東京信用保証協会による承諾実績が大きな割合を占めている。また、業種別による東日本大震災復興緊急保証の利用件数を見ると、建設業、製造業、卸売業、小売業、サービス業が大きな割合を占めている。

(10)中小企業基盤整備機構ホームページ参照。

(11)商工中金『NEWS RELEASE』二〇一一年三月一四日付。

(12)『日本経済新聞（朝刊）』二〇一一年六月四日付。

(13)商工中金『NEWS RELEASE』二〇一一年八月二二日付。

(14)貸出後二年間は、「中小企業の設備資金は〇・五％の利子を軽減（『日本経済新聞（朝刊）』二〇一一年一二月一三日付）」することを発表している。

(15)シンジケートローンとは、複数の金融機関が一企業に対して同じ条件で融資する手法を意味している。金融機関はシンジケートローンの組成に参加することにより、貸し倒れリスクを分散することができる。また企業は、この手法により巨額の資金を調達することが可能となる。シンジケートローンは、協調融資とも呼ばれる。

(16)商工中金『NEWS RELEASE』二〇一一年九月二三日付および『日本経済新聞（朝刊）』二〇一一年九月一四日付。商工中金は、このシンジケートローンに対して一億三〇〇〇万円の融資を実行している。

(17)商工中金『NEWS RELEASE』二〇一二年八月三一日付。

(18)金融庁ホームページ（http://www.fsa.go.jp/policy/kariirekin/. 二〇一五年八月二〇日アクセス）、二〇一一年一二月一日発表。

(19)金融庁が対象としているのは、将来性があり、さらに経営改善の見通しが望める中小企業である（同上）。さらに、被災地（青森、岩手、宮城、福島、茨城）を基盤とする二〇一二年の地域金融機関の実績は、前年度と比較すると二・三倍の増加が見られる（金融庁ホームページ、http://www.fsa.go.jp/news/24/ginkou/20120810-8.html. 二〇一五年八月二〇日アクセス、二〇一二年八月一〇日発表）。

(20)『日本経済新聞（朝刊）』二〇一二年二月六日付。

(21) 太田珠美、二〇一三年、七頁。

(22) 『日本経済新聞（朝刊）』二〇一五年五月二一日付。同様に、日本政策投資銀行についても民営化を先送りする改正法が成立している。日本政策投資銀行および商工中金は、二〇〇八年に株式会社化し、その後五～七年を目途に政府は所有している株式を全て売却する予定であった。しかしながら震災以降、政府系金融機関における役割の重要性が高まっていたため、株式売却や組織の見直しの検討が延期され続けていた（『日本経済新聞（朝刊）』二〇一一年四月二〇日付）。

(23) 海上泰生、二〇〇八年、二六頁。

(24) 日本でいち早くＡＢＬに取り組み、その重要性を訴えたのは政府系金融機関の商工中金である。しかしながらＡＢＬが定着することもなく、取り組みが停滞する時期もあった。その大きな要因として、動産を鑑定する評価機関数が非常に少なく、鑑定料が高いということが考えられる。つまり、ＡＢＬは中小企業にとって金利以外にも高いコストが生じるということにより、金融機関側も積極的に推し進めることができないという問題点もある。その一方、多様な資金調達手段を有していない畜産業に対してはＡＢＬによる積極的な融資が見られる。業種によってＡＢＬに対する温度差が生じているものと推測される。現在、経済産業省などはＡＢＬを推進するための環境整備を積極的に実施している。

(25) 米国におけるＡＢＬは、三〇年以上も前から中小企業への貸出手法の一つとして利用されている。このＡＢＬの活用実績を見ると、漸増の一途を辿っている。

(26) 海上、二〇〇八年、二六頁。

(27) Ronson, 2010 は、適格担保資産の掛目について、売掛金の場合は七〇～八〇％、在庫の場合は五〇～六五％と説明している（四八～四九頁）。また、売掛金を担保にする場合には、支払期日が過ぎた手形、そして外国企業が振り出した手形は、適用されないことがある。

(28) Kendall, 2010, p.1.

(29) 同上。さらに、Ronson, 2010 によるインタビュー調査において、シカゴでＡＢＬに取り組む Cole Taylor Business Capital の社長である Sharkey の意見が以下のように紹介されている。Sharkey は、ＡＢＬは比較的安全かつ有効的な融資方法であるということから、現在の市場環境において需要が拡大するであろう。またＡＢＬの金融技術は、予期せぬ事態を回避するために借手である企業が本来であるならば担保に成り得ないという資産を活用することができる手法として期待していることを明らかにしている（Ronson, 2010, p.48）。

(30) Ronaon, 2010, p.48.

(31) 二〇一一年三月～二〇一五年二月までの業種別倒産件数（四年間で一七二六件）を見ると、サービス業が三八〇件（二二％）、卸売業が三四九件（二〇％）、製造業が三三七件（一九・五％）、建設業が二五八件（一五％）、小売業が二四六件（一四％）である（帝国データバンク、二〇一五年、三頁参照）。

(32) 動産評価アドバイザーの合格者の二割は、東北の金融機関や信用保証協会の人材が占めている（『日本経済新聞（地方経済）』二〇一二年一一月八日付）。このことから、ＡＢＬ組成への関心が高いものと考えられる。

(33) 震災発生前の二〇〇九年一二月、石巻信用金庫はＡＢＬの第一号案件を手掛けている。当時、創刊一〇〇周年を迎え、地域に貢献してきた新聞社に融資を実行した。その際、売掛金の他に高品質の印刷機を担保にＡＢＬを組成した（財務省東北財務局ホームページ、「動産担保融資にかかる取組み（石巻信用金庫）」、tohoku.mof.go.jp/content/000065725.pdf, 二〇一五年八月一六日アクセス）。

(34) 生ものである食品を担保にするのは、珍しいケースではない。過去、横浜銀行による冷凍マグロを担保としたＡＢＬ、商工中金と北日本銀行による蒲鉾を担保としたＡＢＬなどがある。

(35) 信金中央金庫、二〇一五年、九頁。

(36) 同上、一一頁。

(37) バブル崩壊当初は、外国ファンドの活動が多く見られた。たとえば、リップルウッドなどによる日本長期信用銀行の再生、ローンスターによる東京相和銀行の再生などがあげられる。二〇〇〇年代に入ると、国内の再生ファンドの活躍も見られるようになった。たとえば、野村プリンシパル・ファイナンスによるハウステンボスの再生、ユニゾンキャピタルによるオリエンタル信販や東ハトの再生などがあげられる。

(38) 二〇〇三年に発足された産業再生機構では、地方の旅館をはじめ、比較的小規模な案件を手掛けることもあったが、九州産業交通、カネボウ、ダイエーの再生にも成功した実績を有している。同機構は、すでに、二〇〇七年六月に解散している。

(39) 『日本経済新聞（朝刊）』二〇一四年九月一日付。

(40) 松尾順介、二〇一三年、九〜三七頁。

(41) 一〇金融機関とは、東邦銀行、福島銀行、大東銀行、福島信用金庫、白河信用金庫、須賀川信用金庫、ひまわり信用金庫、福島県商工信用組合、いわき信用組合、相双信用組合である。福島県内の金融機関でファンドに出資している。ファンドの運用は、あおぞら銀行グループの傘下である福島リカバリ（株）が引き受けている。中小企業基盤整備機構によると、福島リカバリ（株）には再生支援の経験とスキルがあると評価している。

(42) 独立行政法人中小企業基盤整備機構（二〇一〇年）、『うつくしま未来ファンド（中小企業再生ファンド）の組成について―東北地方初の中小企業再生ファンド―』、五月二四日付、(http://www.smrj.go.jp/fund/chosa_jono/press/053358.html, 二〇一五年九月一日アクセス)。

(43) もちろん、他の地域でもファンドを立ち上げている。たとえば、岩手銀行も日本政策投資銀行と共同で「岩手元気いっぱい投資事業有限責任組合」を創設している。

(44) この二つのファンドの出資金融機関を見ると、公的金融機関をはじめ、メガバンクや大手商社が参加している。つまり、地域金融機関が参加したファンドは「ふくしま応援ファンド投資事業有限責任組合」のみと言える。

(45) 常磐興産（株）ホームページ（http://www.joban-kosan.com/news/111110.pdf, 二〇一五年九月一〇日アクセス）。

(46) 常磐興産（株）へのシンジケートローンは、日本政策投資銀行、みずほコーポレート銀行、みずほ信託銀行、三菱東京ＵＦＪ銀行、常陽銀行、東邦銀行、秋田銀行、七十七銀行により構成されている。

あとがき

本研究の主体となっている「現代経営哲学研究会」は、編著者の一人である小笠原英司を中心として本書執筆者らが集い、経営学研究や企業経営のあり方について「原理的、理論的に問う」ことをモットーとする自由な研究会として一五年ほど前に自然発生的に形成された。メンバーの本務地は、北は青森、南は香川、沖縄にまで分散しているため、中間地点である東京で定期的に研究会を開催し、各自の研究報告をめぐって議論する活動を行ってきた。そうした中で、経営哲学的な自由論題をめぐる議論ばかりでなく、具体的な経営学的統一論題をめぐる研究をしようという機運が高まり、メンバーの関心が公益事業論、CSR論、高信頼性組織論等に向けられ、さらにまえがきにも記したように、研究会メンバーとして参加していた野中洋一が日本原子力発電㈱に勤務していたことから、原子力発電企業の事業経営をめぐる研究を統一論題にしようということになった。

そして上記の研究活動を発展させるべく、二〇〇九年度〜二〇一一年度の科学研究費補助金の助成（後記①）を得て文献研究や現地調査研究を進めていたさなか、二〇一一年三月一一日「福島原発事故」に遭遇することになった。それは恰もわれわれの研究主題が「3・11」を予見したような錯覚を覚える衝撃的な出来事であり、われわれの研究主題の巨大さを思い知るとともに本研究が内包する社会的意義を再確認する事件でもあった。しかし、この時点でわれわれの共同研究の成果を世に問うためには、さらに多角的な考察を必要とすることが痛感され、引き続き科研費補助金の助成（後記②）を受けて二〇一二年度〜二〇一四年度にわたり共同研究を重ねてきた。その研究成果はメンバー各自が内外の学術専門誌、学会等で発表してきたが、二〇一五年度から新たに科研費補助金に採択（後記③）されたことを区切りとして、「3・11福島原発事故」を挟むこれまでの各自の研究蓄積を共同研究の成果として公刊することとした。限界と課題は多々あるが、ご批判を受けて今後の更なる進展を期したい。

【科学研究費補助金】
①平成二一年度〜平成二三年度　基盤研究（C）（一般）研究代表者：小笠原英司
『原子力発電企業の社会的責任と事業経営の研究：安全と安心の両立』課題番号21530365
②平成二四年度〜平成二六年度　基盤研究（C）（一般）研究代表者：藤沼　司
『リスク社会での「専門家と市民の協働」構築：原子力発電企業の「安全・安心」問題から』課題番号24530416
③平成二七年度〜平成二九年度　基盤研究（C）（一般）研究代表者：藤沼　司
『トランス・サイエンス問題への経営学からの応答：原子力発電企業の事例から』課題番号15K03606

二〇一六年五月八日

編著者

参考文献

【第一章】


天野正子（一九九六年）『「生活者」とはだれか：自律的市民像の系譜』中央公論社。

池内了（二〇一二年）『科学と人間の不協和音』角川書店。

同　（二〇一二年）『科学の限界』筑摩書房。

同　（二〇一四年）『科学・技術と現代社会』（上・下）みすず書房。

大森荘蔵（一九九四年）『知の構築とその呪縛』筑摩書房。

小笠原英司（二〇〇四年）『経営哲学研究序説』文眞堂。

同　（二〇一三年）「経営学の存在意義―いま、あらためて、経営学とは何か―」関東学院大学経済学会『経済系』四七‐六五頁。

尾内隆之・調麻佐志編（二〇一三年）『科学者に委ねてはいけないこと：科学から「生」を取り戻す』岩波書店。

鹿島茂（二〇一五年）『進みながら強くなる：欲望道徳論』集英社。

金森修（二〇一五年）『科学の危機』集英社。

唐木順三（二〇一二年）『「科学者の社会的責任」についての覚書』筑摩書房。

桑子敏雄（二〇〇一年）『感性の哲学』日本放送出版協会。

小林傳司（二〇〇七年）『トランス・サイエンスの時代』NTT出版。

桜井淳（二〇〇〇年）『事故は語る：人為ミス論』日経BP社。

佐々木力（一九九六年）『科学論入門』岩波書店。

佐々木毅（二〇一二年）『学ぶとはどういうことか』講談社。

佐藤文隆（二〇一一年）『職業としての科学』岩波書店。

同　（二〇一三年）『科学と人間：科学が社会にできること』青土社。

柴谷篤弘（一九七三年）『反科学論』みすず書房。

志村史夫（一九九七年）『文明と人間：科学・技術は人間を幸福にするか』丸善。

都筑章子・鈴木真理子（二〇〇九年）「高等教育での科学技術コミュニケーション関連実践についての一考察」『京都大学高等教育研究』第15号。

中村桂子（二〇一三年）『科学者が人間であること』岩波書店。

西山哲郎編（二〇一三年）『科学化する日常の社会学』世界思想社。

廣重徹（二〇〇三年）『科学の社会史 上・下』岩波書店。

村上陽一郎（一九九四年）『文明のなかの科学』青土社。

同（二〇一〇年）『人間にとって科学とは何か』新潮社。

吉羽和夫（一九六九年）『原子力問題の歴史』河出書房新社。

山本安次郎（一九六一年）『経営学本質論』森山書店。

Barnard, Chester I.（1968）*The Functions of the Executive*, Harvard University Press.（山本安次郎・田杉 競・飯野春樹訳『新訳 経営者の役割』ダイヤモンド社、一九六八年。）

【第二章】

池内 了（二〇〇八年）『疑似科学入門』岩波新書。

飯野春樹（一九七八年）『バーナード研究―その組織と管理の理論―』文眞堂。

小笠原英司（二〇〇四年）『経営哲学研究序説―経営学的経営哲学の構想―』文眞堂。

同（二〇一四年）「専門家と生活者の新たな協働」、経営哲学学会『経営哲学』Vol.11, No.1.

大森荘蔵（一九六九年）「知覚風景と科学的世界像」「生命と意識」、大森荘蔵・沢田允茂・山本信編著『科学の基礎』東京大学出版所収。

同（一九九四年ａ）『知の構築とその呪縛』ちくま学芸文庫。

同（一九九四年ｂ）『時間と存在』青土社。

小林傳司（二〇〇七年）『トランス・サイエンスの時代―科学技術と社会をつなぐ―』ＮＴＴ出版。

中村桂子（二〇一三年）『科学者が人間であること』岩波新書。

中谷内一也（二〇〇八年）『安全。でも、安心できない…―信頼をめぐる心理学―』ちくま新書。

野家啓一（二〇〇四年）『科学の哲学』放送大学教育振興会。

同（二〇〇五年）『物語の哲学』岩波現代文庫。

同（二〇一〇年）「物語り論（ナラトロジー）の射程」、村田晴夫・吉原正彦編『経営思想研究への討究―学問の新しい形―』文眞堂。

同（二〇一五年）『科学哲学への招待』ちくま学芸文庫。

野中洋一（二〇一四年）「ポスト『安全神話』に関する考察」『経営哲学』Vol.11, No.1.

野矢茂樹（二〇一五年）『大森荘蔵―哲学の見本』講談社学術文庫。
H. Putnam（一九九四年）『理性・真理・歴史―内在的実在論の展開―』野本和幸・中川大・三上勝生・金子洋之訳、法政大学出版局。

藤垣裕子（二〇〇三年）『専門知と公共性―科学技術社会論の構築へ向けて―』東京大学出版会。

藤沼　司（二〇一五年）『経営学と文明の転換―知識経営論の系譜とその批判的研究―』文眞堂。

同　（二〇一六年）「『トランス・サイエンス』への経営学からの照射―『科学の体制化』過程への経営学の応答を中心に―」経営学史学会編『経営学の批判力と構想力』（第二十三輯）文眞堂所収。

村上陽一郎（二〇〇五年）『安全と安心の科学』集英社新書。

村田晴夫（一九八四年）『管理の哲学―全体と個・その方法と意味―』文眞堂。

山本誠作（一九九五年）「ホワイトヘッドの文明論と科学的唯物論」、プロセス研究シンポジウム『ホワイトヘッドと文明論』行路社所収。

同　（二〇一一年）『ホワイトヘッド『過程と実在』―生命の躍動的前進を描く「有機体の哲学」―』晃洋書房。

山脇直司編（二〇一五年）『科学・技術と社会倫理―その統合的思考を探る―』東京大学出版会。

Arnstein, Sherry R. (1969) "A Ladder of Citizen Participation", in *Journal of the American Institute of Planners*, Vol.35, No.4, pp.216-224. http://lithgow-schmidt.dk/sherry-arnstein/ladder-of-citizen-participation.html（二〇一六年五月三〇日アクセス）を参照。

Barnard, Chester I. (1936, 1986) "Persistent Dilemmas of Social Progress", in *Philosophy for Managers: Selected Papers of Chester I. Barnard*, edited by Wolf, William B. & Iino, Haruki, Bunshindo.（C・I・バーナード「社会進歩における不変のジレンマ」、W・ウォルフ・飯野春樹編、飯野春樹監訳・日本バーナード協会訳『経営者の哲学―バーナード論文集―』所収、文眞堂、一九八六年。）

――(1938, 1968) *The Functions of the Executive*, Harvard University Press.（山本安次郎・田杉競・飯野春樹訳『新訳 経営者の役割』ダイヤモンド社、一九六八年。）

――(1943, 1948) "On Planning for World Government", in *Organization and Management: Selected Papers*, Harvard University Press.（C・I・バーナード「世界政府の計画化について」、飯野春樹監訳・日本バーナード協会訳『組織と管理』所収、文眞堂、一九九〇年。）

Whitehead, Alfred N. (1929) *The Function of Reason*, Princeton University Press.（藤川吉美・市井三郎共訳『理性の機能・象徴作用』松籟社、一九八一年。）

――(1925, 1967) *Science and the Modern World*, The Free Press.（上田泰治・村上至孝訳『科学と近代世界』松籟社、一九八一年。）

――(1929, 1985) *Process and Reality*, The Free Press.（山本誠作訳『過程と実在（上）（下）』松籟社、一九八四年・一九八五年。）

――(1933, 1967) *Adventures of Ideas*, The Free Press.（山本誠作・菱木政晴訳『観念の冒険』松籟社、一九八二年。）


【第三章】


青柳栄（二〇一三年）『活断層と原子力』エネルギーフォーラム。

朝日新聞取材班（二〇一四年）『それでも日本人は原発を選んだ　東海村と原子力ムラの半世紀』朝日新聞出版。

天野健作（二〇一五年）『原子力規制委員会の孤独　原発再稼働の真相』エネルギーフォーラム。

荒井 聰（二〇一二年）「原子力発電の安全神話」民主党原発事故収束対策ＰＴ。

池田信夫（二〇一二年）『原発「危険神話」の崩壊』ＰＨＰ研究所。

市野澤（二〇一〇年）「危険からリスクへ」国立民族学博物館研究報告34⑶、五二一‐五七四頁。

今田高俊（二〇〇二年）「リスク社会と再帰的近代―ウイリッヒ・ベックの問題提起―」海外社会保障研究 Spring 2002 No.138, 六三‐七一頁。

大林太良（一九六六年）『神話学入門』中央公論社。

開沼博（二〇一一年）『「フクシマ」論 原子力ムラはなぜうまれたのか』青土社。

同　（二〇一二年）『フクシマの正義―「日本の変わらなさ」との闘い』幻冬舎。

橋川武郎（二〇一一年）『原子力発電をどうするか』名古屋大学出版。

同　（二〇一二年）『電力改革―エネルギー政策の歴史的大転換』講談社。

小出裕章・黒部信一（二〇一一年）『原発・放射能 子どもが危ない』文藝春秋。

小林傳司（二〇〇七年）『トランス・サイエンスの時代』ＮＴＴ出版。

小松丈晃（二〇〇三年）『リスク論のルーマン』勁草書房。

柴谷篤弘（一九七三年）『反科学』みすず書房。

原子力の自主的安全性向上・技術・人材ワーキンググループ（二〇一四年）（二一五）「原子力の自主的安全性向上の取組の改善に向けた提言」総合資源エネルギー調査会。

竹内敬二（二〇一三年）『電力の社会史 何が東京電力を生んだのか』朝日新聞出版。

田邉朋行（二〇一四年）「原子力規制体制の制度的課題とその解決策―敦賀発電所敷地内破砕帯問題―」『電力中央研究所報告』研究報告:Y13024.

中川恵一（二〇一二年）『被ばくと発がんの真実』ＫＫベストセラーズ。

中谷内一也（二〇〇六年）『リスクのモノサシ―安全・安心生活はありうるか―』日本放送出版協会、ＮＨＫブックス[1063]。

中野洋一（二〇一一年）「日本原発の「安全神話」の崩壊―原発産業の研究―」『九州国際大学 国際関係学論集』第7巻、第1号、一九‐一九一頁。

中村功・関谷直也（二〇〇四年）「日本人の安全観」原子力安全基盤調査研究（平成一四 年度～一六 年度）報告書（http://nakamuraisao.a.la9.jp/anzenkan.htm）。

西山昇・今田高俊（二〇一二年）「ゼロリスク幻想と安全神話のゆらぎ―東日本大震災と福島原子力発電所事故を通じた日本人のリスク意識の変化―」『千葉商科大学情報機関紙 CUC View & Vision』34号、五七‐六〇頁。

野家啓一（二〇一五年）『科学哲学への招待』筑摩書房。

福島原発事故独立検証委員会（二〇一二年）『福島原発事故独立検証委員会調査・検証報告書』第九章「安全神話の社会的背景」三二三‐三三四頁。

三上剛史（二〇〇八年）「「安全・安心」、「信頼」概念再考のために―社会学的パースペクティブ―」安全安心社会研究ワーキングペーパー。

村上陽一郎（二〇〇五年）『安全と安心の科学』集英社新書。
同　（二〇一〇年）『人間にとって科学とは何か』新潮社。
山岸俊男（一九九八年）『信頼の構造—心と社会の進化ゲーム』東京大学出版会。
同　（一九九九年）『安心社会から信頼社会へ』中央公論新社。
山本昭宏（二〇一二年）『核エネルギー言説の戦後史 1945-1960 —「被爆の記憶」と「原子力の夢」』人文書院。
吉岡斉（二〇一一年）「原子力安全規制を麻痺させた安全神話」、石橋克彦編『原発を終わらせる』岩波書店。
吉田敦彦・村松一男（一九八七年）『神話学とは何か』有斐閣新書。
和辻哲郎（一九九一）『風土—人間学的考察—』岩波書店。
Beck, Ulrich (1986) *RISIKOGESELLSCHAFT Auf dem Weg in eine andere Moderne.*（東廉・伊藤美登里訳『危険社会—新しい近代への道』一九九八年、法政大学出版。）
Giddens, Anthony (1990) *The Consequences of Modernity.*（松尾清文・小幡正敏訳『近代とはいかなる時代か—モダニティの帰結—』而立書房、一九九三年。）
Luhmann, Niklas (1973) *Vertrauen: ein Mechanismus der Reduktion sozialer Komplexität.*（大庭健・正村俊之訳『信頼』勁草書房、一九九〇年。）
——(1998) *Soziologie des Risikos.*（小松丈晃訳『リスクの社会学』新泉社、二〇一四年。）
Malinowski, Bronislaw (1948) *Magic, Science and Religion, and Other Essays.*（宮武公夫・高橋巌根訳『呪術・科学・宗教・神話』人文書院、一九九七年。）
Weinberg, Alvin M. (1972) "Science and Trans-Science." *Minerva*, vol.10, no.2, pp.209-222.

【第四章】

作道信介（二〇〇二年）「「近代化の社会心理学」へ向けて」『弘前大学人文社会論叢』Vol.7, 一四九—一八三頁。
田中耕一（二〇〇四年）「認知主義の陥穽—会話分析と言説分析」『関西学院大学社会学部紀要』Vol.96, 一二一—一三五頁。
山岸俊男（一九九八年）『信頼の構造—こころと社会の進化ゲーム』東京大学出版会。
同　（一九九九年）『安心社会から信頼社会へ—日本型システムの行方』中央公論新社。
Barber, B. (1983) *The logic and limits of trust.* New Jersey: Rutgers.
Burr, V. (1995) *An introduction to social constructionism.* London: Routledge.（田中一彦訳『社会的構築主義への招待—言説分析とは何か』川島書店 一九九七年。）
Fairclough, N. (2003) *Analysing discourse: Textual analysis for social research*, London: Routledge.（日本英語メディア学会訳『ディスコースを分析する』くろしお出版、二〇一二年。）

Giddens, A.（1990）*The consequences of modernity*, Cambridge: Polity Press.（松尾精文・小幡正敏訳『近代とはいかなる時代か？』而立書房、一九九三年。）
Luhmann, N.（1964）*Funktionen und Folgen formaler Organisation*, Berlin: Duncker & Humblot.（沢口豊・関口光春・長谷川幸一訳『公式組織の機能とその派生的問題（上）』新泉社、一九九二年。）
——（1979）*Trust and power*, New York: John Wiley & Sons.
——（1988）"Familiarity, confidence, trust: Problems and alternatives", in Gambetta, D.（Ed.）, *Trust: Making and breaking cooperative relations*, London: Basil Blackwell.
Merton, R. K.（1949）*Social theory and social structure*, New York: Free Press.（森東吾・森良夫・金沢実・中島竜太郎訳『社会理論と社会構造』みすず書房、一九六一年。）
——（1966）"Social problem and sociological theory", in Merton, R. K. and P. A. Nisbet（Eds.）, *Contemporary social problems*, 2nd ed., New York: Harcourt Brace.（森東吾・森良夫・金澤実訳「社会問題と社会学理論」『社会理論と機能分析』青木書店、一九六九年。）
Wodak, R. and M. Meyer（2001, 2009）*Methods of critical discourse analysis*, London: Sage.（野呂香代子監訳『批判的談話分析入門』三元社、二〇一〇年。）

【第五章】

石井泰幸（二〇一三年）「リスク・コミュニケーションの現状と課題」『経営哲学論集　第29集』経営哲学学会。

石名坂邦昭（一九九四年）『リスク・マネジメントの理論』白桃書房。

井上武史（二〇一四年）『原子力発電と地域政策』晃洋書房。

吉川肇子（一九九九年）『リスク・コミュニケーション』福村出版。

同　（二〇一二年）『リスク・コミュニケーション・トレーニング』ナカニシヤ出版。

桑子敏雄（一九九九年）『環境の哲学』講談社。

同　（二〇〇六年）『風景のなかの環境哲学』東京大学出版会。

同　（二〇〇九年）『空間の履歴』東信堂。

同　（二〇一三年）『生命と風景の哲学』岩波書店。

高木仁三郎（二〇一一年）『原子力神話からの解放』講談社。

三戸公・榎本世彦（一九八六年）『フォレット』同文館。

Follett, M. P.（1918, 1965）*The new state: group organization the solution of popular government*, Peter Smith Publishers Inc.（三戸公監訳、榎本世彦・高澤十四久・上田鷲訳『新しい国家―民主的政治の解決としての集団組織論―』文眞堂、一九九三年。）

Foucalt, M. (1969) *L'archéologie du savoir*, Gallimard.（中村雄二郎訳『知の考古学』（改訳新版）河出書房新社、一九八一年。）
Hermann, C. F. (1963) "Some consequences of crisis which limit the viability of organizations", *Administrative Science Quarterly 8.*
——(1972) *International crisis: Insight from behavioral reseach*, Free Press.
Keeney, R. L. and von Winterfeldt, D. (1986) "Improving risk communication", *Risk Analysis.*
Metcalf, H. C. and Urwick, L. F. eds. (1941) *Dynamic Administration: The Collected Papers of Mary Parker Follett*, Harper & Brothers Publishers.（米田清貴・三戸公訳『組織行動の原理〔動態的管理〕』（新装版）未來社、一九九七年。）
National Research Council (1989) *Improving Risk Communication*, National Academic Press.（林裕造・関沢淳訳『リスクコミュニケーション：前進への提言』化学工業日報社、一九九七年。）
Seeger, M. W., Sellnow, T. L. and Ulmer, R. R. (1998) "Communication organization and crisis", in M. E. Roloff (Ed.), *Communication Yearbook 21*, Sage.
Stallen, P. J. M. and Coppock, R. (1987) "About risk communication and risk communication", *Risk Analysis.*
Weber, M. (1920) *Gesammelte Aufsätze zur Religionssoziologie*, J.C.B. Mohr.（大塚久雄・生松敬三訳『宗教社会学論選』みすず書房、一九七二年。）

【第六章】


井尻雄士（一九七六年）『会計測定の理論』東洋経済新報社。

小笠原英司（二〇〇四年）『経営哲学研究序説—経営学的経営哲学の構想—』文眞堂。

経済産業省（二〇一四年）総合資源エネルギー調査会　電力・ガス事業分科会原子力小委員会　原子力の自主的向上に関するワーキンググループ「原子力の自主的・継続的な安全性向上に向けた提言」（平成二六年五月三〇日）http://www.meti.go.jp/committee/sougouenergy/denryoku_gas/genshiryoku/anzen_wg/pdf/report02_01.pdf（二〇一四年一二月一九日アクセス）。

坂井恵（二〇一〇年）「全社的な内部統制の評価方法—コントロール・アプローチからリスク・アプローチへ」『企業会計』62 (2)、一〇八-一一九頁。

同　（二〇一四年）「会計専門職の発展の可能性—リスク社会論を手掛かりとして—」『千葉商大論叢』51 (2)、九七-一一〇頁。

同　（二〇一五年）「内部統制報告の本質への接近（2）—会計責任の観点から—」『千葉商大論叢』53 (1)、七九-九六頁。

瀧川裕英（二〇〇三年）『責任の意味と制度　負担から応答へ』勁草書房。

竹内みちる（二〇一二年）「組織の安全文化（安全風土）評価・測定の手法に関する試論」『ISNN JOURNAL』19、一〇-一九頁。

東京電力株式会社（二〇一三年）「福島原子力事故の総括及び原子力安全改革プラン」（二〇一三年三月二九日）http://www.tepco.co.jp/cc/press/betu13_j/images/130329j0401.pdf（二〇一四年一二月一九日アクセス）。

同（二〇一四年）「原子力安全改革プラン進捗報告（二〇一四年度　第二四半期）」（二〇一四年一一月五日）http://www.tepco.co.jp/cc/press/betu15_j/images/141105j0102.pdf（二〇一四年一二月一九日アクセス）。

同（二〇一五年ａ）「原子力安全改革プラン進捗報告（二〇一四年度　第三四半期）」（二〇一五年二月三日）http://www.tepco.co.jp/cc/press/betu15_j/images/150203j0102.pdf（二〇一五年三月六日アクセス）。

同（二〇一五年ｂ）「原子力安全改革プラン進捗報告（二〇一四年度　第四四半期）」（二〇一五年三月三〇日）http://www.tepco.co.jp/cc/press/betu15_j/images/150330j0102.pdf（二〇一五年八月一七日アクセス）。

同（二〇一五年ｃ）「原子力安全改革プラン進捗報告（二〇一五年度　第一四半期）」（二〇一五年八月一一日）http://www.tepco.co.jp/cc/press/betu15_j/images/150811j0102.pdf（二〇一五年八月一七日アクセス）。

日本原子力発電株式会社（二〇一四年）「当社における「原子力の自主的かつ継続的な安全性向上への取り組み」について」（二〇一四年六月一三日）http://www.japc.co.jp/news/press/2014/pdf/260613.pdf（二〇一四年一二月一九日アクセス）。

芳賀繁（二〇一二年）『事故がなくならない理由　安全対策の落とし穴』ＰＨＰ研究所。

蓮生郁代（二〇一〇年）「アカウンタビリティーの意味：アカウンタビリティーの概念の基本的構造」『国際公共政策研究』14(2)、一-一五頁。

同（二〇一一年）「アカウンタビリティーと責任の概念の関係：責任概念の生成工場としてのアカウンタビリティーの概念」『国際公共政策研究』15(2)、一-一七頁。

村上陽一郎（二〇〇五年）『安全と安心の科学』集英社。

山本清（二〇一三年）『アカウンタビリティを考える—どうして「説明責任」になったのか』ＮＴＴ出版。

National Research Council (NRC) (1989) *Improving Risk Communication*, Washington, DC: National Academy Press.

Takikawa, H. (2009) "Conceptual Analysis of Accountability: The Structure of Accountability in the Process of Responsibility.", *Envisioning Reform: Enhancing UN Accountability in the Twenty-first Century*. (Sumihiro Kayuma and Michael Ross Fowler, eds.) Tokyo; New York; Paris. United Nations University Press. pp.73-96.

The Committee of Sponsoring Organization of the Treadway Commission (COSO) (2013) *Internal Control – Integrated Framework, Framework and Appendices*, North Carolina: American Institute of Certified Public Accountants.

The Institute of Nuclear Power Operations (INPO) (2013) *Traits of a Healthy Nuclear Safety Culture, Revision 1*, April 2013, The Nuclear Safety Group Home Page, Internet, http://nuclearsafety.info/wp-content/uploads/2010/07/Traits-of-a-Healthy-Nuclear-Safety-Culture-INPO-12-012-rev.1-Apr2013.pdf (December 19, 2014).

【第七章】

植杉威一郎・内田浩史・小野有人・細野薫・宮川大介（二〇一三年）「東日本大震災と企業の二重債務問題」『RIRC Working Paper』, No.001, 東北大学。

太田珠美（二〇一三年）「資本性借入金の効果と副作用　中小企業の資金繰りが改善する可能性と不良債権増加の可能性」『大和総研』、二月四日付。

海上泰生（二〇〇八年）「米国のABL（Asset Based Lending）を支える『ある種のインフラ』の存在とその機能―動産・債権担保融資の進展を促すもの―」『政策公庫論集』、第一。

信金中央金庫（二〇一五年）「目利き融資を展開する『攻めのＡＢＬ』（その２）―石巻信用金庫の取り組みに見る地域企業応援の方向性―」『金融調査情報26-5』、二月一八日付。

帝国データバンク（二〇一五年）『東日本大震災関連倒産、四年で一七二六件～うち原発関連倒産は一八〇件、一割強を占める～』三月二日（http://www.tdb.co.jp/report/watching/press/p150301.html, 二〇一五年七月一〇日アクセス）。

松尾順介（二〇一三年）「東日本大震災復興におけるファンドの取組」『証研レポート』、一六八〇号、一〇月。

Kendall, Mark (2010) "Asset Based Lending: Is Nowthe Time?" (http://www.wisemar.com, 二〇一一年一月一八日アクセス)。

Ronson, Dave (2010) "Asset-based Lending Worth Another Look", *The RMA Journal*, September.

執筆者紹介

第一章　小笠原英司（おがさわら・えいじ）明治大学経営学部教授
第二章　藤沼　司（ふじぬま・つかさ）青森公立大学経営経済学部准教授
第三章　野中洋一（のなか・よういち）千葉商科大学非常勤講師
第四章　木全　晃（きまた・あきら）新潟大学経済学部教授
第五章　石井泰幸（いしい・やすゆき）千葉商科大学サービス創造学部教授
第六章　坂井　恵（さかい・けい）千葉商科大学サービス創造学部教授
第七章　森谷智子（もりや・ともこ）嘉悦大学経営経済学部准教授

編著者紹介

小笠原英司（おがさわら・えいじ）

明治大学経営学部教授

略歴　一九四七年生まれ。明治大学大学院経営学研究科博士課程単位取得退学。立正大学経営学部教授を経て現職。博士（経営学）。明治大学経営学部長、明治大学大学院長、経営学史学会理事長等を歴任。

主著　『経営哲学研究序説』（文眞堂、二〇〇四年）。『日本の経営学説Ⅰ』（編著、文眞堂、二〇一三年）など。

藤沼　司（ふじぬま・つかさ）

青森公立大学経営経済学部准教授

略歴　一九六九年生まれ。明治大学大学院経営学研究科博士後期課程単位取得退学。愛知産業大学経営学部専任講師を経て現職。博士（経営学）。

主著　『経営学と文明の転換』（文眞堂、二〇一五年）。

主要論文　「メイヨー―人間関係論の思想的基盤―」吉原正彦編著『メイヨー＝レスリスバーガー―人間関係論―』（文眞堂、二〇一三年）。

原子力発電企業と事業経営
――東日本大震災と福島原発事故から学ぶ――

平成二十八年九月一日　第一版第一刷発行　検印省略

編著者　小笠原　英　司
　　　　藤　沼　　司

発行者　前　野　　隆

東京都新宿区早稲田鶴巻町五三三

発行所　株式会社　文　眞　堂

電　話　〇三―三二〇二―八四八〇
ＦＡＸ　〇三―三二〇三―二六三八
〒一六二―〇〇四一　振　替　〇〇一二〇―二―九六四三七番

印刷　真　興　社
製本　イマキ製本所

http://www.bunshin-do.co.jp/

ISBN978-4-8309-4905-0　C3034